Karsten Trube

ACHTUNG LEOPARD!

STABSUNTEROFFIZIER TRUBE LÄSST DIE LEOS VON DER KETTE

EK-2 MILITÄR

Ihre Zufriedenheit ist unser Ziel!

Liebe Leser, liebe Leserinnen,

zunächst möchten wir uns herzlich bei Ihnen dafür bedanken, dass Sie dieses Buch erworben haben. Wir sind ein kleines Familienunternehmen aus Duisburg und freuen uns riesig über jeden einzelnen Verkauf!

Mit unserem Label *EK-2 Militär* möchten wir militärische und militärgeschichtliche Themen sichtbarer machen und Leserinnen und Leser begeistern.

Vor allem aber möchten wir, dass jedes unserer Bücher **Ihnen ein einzigartiges und erfreuliches Leseerlebnis** bietet. Daher liegt uns Ihre Meinung ganz besonders am Herzen!

Wir freuen uns über Ihr Feedback zu unserem Buch. Haben Sie Anmerkungen? Kritik? Bitte lassen Sie es uns wissen. Ihre Rückmeldung ist wertvoll für uns, damit wir in Zukunft noch bessere Bücher für Sie machen können.

Schreiben Sie uns: info@ek2-publishing.com

Nun wünschen wir Ihnen ein angenehmes Leseerlebnis!

Moni & Jill von EK-2 Publishing

Vorwort

Nachdem ich etliche Bücher über Bundeswehrerfahrungen und Erfahrungen von Wehrpflichtigen der NVA gelesen hatte, habe ich mich dazu entschlossen, ebenfalls ein Buch über meine Wehrdienstzeit zu schreiben. Es wird sich zeigen, ob diese Erzählungen in die Gedächtnisse der Menschen eingehen.

Das Geschilderte in diesem Buch entspricht wahren Begebenheiten, die beinahe 30 Jahre zurückliegen und sich ab dem Tag ereigneten, an dem ich zum Militär eingezogen wurde. Noch heute sind die Erinnerungen in meinem Geist sehr präsent.

Wir schreiben das Jahr 2019. Ich bin seit 25 Jahren Angehöriger einer Polizeibehörde und auch hier besuchte ich verschiedene Dienstorte und bekleidete unterschiedliche Stellungen. Jedoch ist dies eine andere Geschichte, die ich vielleicht zu einem späteren Zeitpunkt niederschreiben werde.

Ich möchte mich vorab bei allen Kameraden bedanken und auch entschuldigen für das, was ich hier schreiben werde. Ich werde versuchen, keine Namen zu nennen, aber wenn es so kommen sollte, dass eine dieser Personen jemals dieses Buch in Händen hält, wird er sich vielleicht erinnern und feststellen, dass er gemeint sein könnte.

Zu der Zeit, als ich in der Bundeswehr diente, gab es noch keine Auslandseinsätze, wie es heute Normalität ist. Auch den „Kalten Krieg" gab es eigentlich nicht mehr. Es war jedoch die Zeit des großen Umbruchs in der Bundeswehr.

Es handelt sich um die Jahre 1990 bis 1994.

Aber nun genug der einleitenden Worte, lasst uns eine Reise in die Vergangenheit antreten.

Bad Sooden-Allendorf 29.05.2019

Das Wappen der 3. Kompanie des Panzeraufklärungsbataillons II
(Auf dem Front-Cover in Farbe abgebildet)

Kapitel 1

Wie es dazu kam, dass ich gedient habe

Als ich gerade mein 18. Lebensjahr beendet hatte, bekam ich Post vom Kreiswehrersatzamt. Ich befand mich in der Ausbildung zum Maschinenschlosser und hatte die nervige Anfangszeit hinter mir. Die bestand zum großen Teil aus feilen, feilen und nochmal feilen. Also empfand ich es nicht als tragisch, dass ich zum Bund sollte, falls ich die Musterung bestand.

Wie eine solche Musterung abläuft, wissen sicherlich die meisten meiner Leser. In kurzen Worten: Die Ärzte sagten nach gewissen Prozeduren, wie „Hosen runter" und „Husten Sie mal" oder „Er hat keine Plattfüße", dass ich tauglich und mit der Note 2 gemustert sei.

Note T 2 hieß in meinem Fall, dass ich außer als fliegendes Personal, in einem U-Boot und als Fallschirmjäger sowie ein paar kleinere Tätigkeiten für alles andere eingesetzt werden konnte.

Ich hatte mich zu meiner Zeit sogar etwas gefreut, im Dienst eingesetzt zu werden. Allerdings wusste ich noch nicht, wann dann geschehen würde, da ich mich noch in der Lehre befand. Wir hatten damals das Jahr 1985.

Nach der Musterung dachte ich mir: Naja, jetzt beendest du deine Ausbildung und danach sehen wir weiter.

Genauso wenig wusste ich, dass mich ab diesem Tag die Bundeswehr jährlich anschreiben würde, damit ich nachwies, dass ich mich immer noch in der Ausbildung befand. Also schicke ich bis zum Ende meiner Ausbildung 1989 eine beglaubigte Kopie meines Lehrvertrages an das Kreiswehrersatzamt. Hätte ich geahnt, wie wenig es die Leute interessierte, dass ich eine Ausbildung mache, hätte ich mir die Anstrengung erspart.

Nach dem Ende meiner Ausbildung hatte ich das „Glück", von meinem Lehrbetrieb übernommen zu werden, weshalb ich ab diesem Zeitpunkt als Geselle mein Geld verdiente. Allerdings blieb die Freude an meiner Arbeit gering, da ich nur an einer CNC-Drehmaschine stand und jeden Tag einspannte und einen grünen Knopf drückte. Nach 3,5 Jahren der Ausbildung zum Maschinenschlosser hatte ich mir mehr erhofft. Das sollte ich weitere 40 Jahre machen? Nein, ohne mich.

Jeden Tag wartete ich auf die Einberufung zum Wehrdienst. Aber es kam keine.

Anfang 1990 schrieb ich an das Kreiswehrersatzamt und bat darum, mich zum nächstmöglichen Termin einzuberufen. Zu dieser Zeit wurden in jedem Quartal neue Rekruten in den Dienst gerufen. Dies geschah im Januar, im April, im Juli und im Oktober.

Schließlich kam zum Oktober 1990 meine Einberufung. Der damalige Wehrdienst dauerte 15 Monate, also 457 Tage. Wie gesagt, ich wollte schon immer Soldat werden.

Manche Leute fragt sich nun, warum ich die Einberufung zum Wehrdienst haben wollte und mich nicht gleich für mehrere Jahre verpflichtet hatte. Das ist einfach erklärt. Ich hätte dafür über die Freiwilligenannahmestelle gehen müssen. Das hätte bedeutet, dass ich mehrere Tests durchlaufen musste. Jedoch wollte ich das vermeiden, da ich damals etwas Angst vor einem möglichen Scheitern hatte. Außerdem war mir das Risiko zu groß, nicht Heimatnah eingesetzt zu werden. Doch die Gefahr wollte ich nicht eingehen, zumal ich mir das Leben im Dienst erstmal ansehen wollte. Vielleicht hätte mir das Soldatenleben auch nicht gefallen. Wer wusste das schon?

Da ich bei meiner Musterung angegeben hatte, dass ich gerne Aufklärer werden wollte, weil zwei Kasernen, Hessisch Lichtenau und Sontra, in der Nähe meines Wohnorts lagen, hoffte ich, dass ich als solcher eingesetzt werden würde. Tatsächlich war mir das Schicksal hold und wurde nach Lichtenau in das 3. PzAufklBtl2 (3. Kompanie des Panzeraufklärungsbataillons II) gezogen. Damit hatte ich den ersten Schritt geschafft.

Kapitel 2

Die ersten Tage

Ich kam zum 01. 10. 1990 gegen Mittag in Lichtenau und in der Blücher-Kaserne an. Als ich mich in der 3. Kompanie meldete, war ich überrascht, wie freundlich meine Vorgesetzten waren. Aber das sollte sich im Laufe der Tage noch ändern.

Ich bekam meine Stube zugewiesen. Diese gehörte zum 2. Zug unter Hauptfeldwebel A. Wenn ich mich richtig erinnere, war das die zweite Stube auf der linken Seite im ersten Stock. Zu dem Zeitpunkt war schon ein Kamerad in der Stube und so warteten wir auf sechs andere. Die Zimmer, die im Bundeswehrjargon Stuben genannt wurden, belegten acht Männer.

Frauen hatten wir damals noch nicht beim Bund. Eine Ausnahme war der Sanitätsdienst oder der Dienst bei den Musikern. Das war nicht das Schlechteste, da dadurch vieles einfacher war. Man musste somit nicht auf getrennte Toiletten und Duschen achten. Denn der Verbrauch von Alkohol war damals im Vergleich zu heute relativ hoch. Deshalb wäre es ungünstig gewesen, würde man nach einer ausgelassenen Nacht die falsche Dusche erwischen. Die Bestrafungen wurden nämlich diszipliniert durchgeführt.

Mein Kamerad N. und ich warteten somit auf die anderen sechs Männer. Zwischendurch kam unser Gruppenführer vorbei und schaute nach, ob schon andere eingetroffen waren.

Er sagte nur seinen Namen und seinen Dienstgrad. Er war Fahnenjunker, also ein Offiziersanwärter. Er begründete seine kurze Vorstellung mit den Worten: „Das erfahren Sie, wenn alle anderen da sind."

Also saßen mein Kamerad N. und ich gelangweilt auf unseren harten Stühlen und warteten.

Ich dachte noch: Na, das wird schön langweilig werden.

Zu dem Zeitpunkt wusste ich noch nicht, was uns noch erwarten würde.

Unsere Stube war so ausgestattet, dass das Nötigste vorhanden war, aber auch nicht mehr. Das beinhaltete vier Doppelstockbetten mit alten, dünnen Matratzen. Die Betten waren unterschiedlich. Wenn man schnell genug war, konnte man sich ein Bett schnappen, das einen festen Gitterrahmen unter der Matratze hatte. Diese waren nicht durchgelegen. Kam man zu spät, musste man mit einem Bett vorliebnehmen, das einen Federrahmen hatte. Und der hing durch wie eine Hängematte, wenn man im Bett lag.

Da ich und mein Kamerad N. die ersten Anwesenden waren und durch schnelles Probeliegen herausgefunden hatten, welche Betten am besten waren, eroberten wir uns „gute" Betten.

Der Raum offenbarte zusätzlich acht Schränke. Bei uns hießen sie „Spinte". Acht harte, nicht gepolsterte Stühle und zwei Tische befanden sich ebenfalls in der Stube. Genauso ein Mülleimer, der jeden Tag dreimal entleert werden musste. Diese Aufgabe war ungeheuer wichtig, auch wenn wir es als Schikane der Vorgesetzten ansahen. Denn wenn der Eimer einmal nicht leer war, wurde er gerne vom Vorgesetzten auf dem Tisch entleert.

Wir warteten also auf die anderen Kameraden. Im Laufe des Nachmittags kamen sie nach und nach eingetrudelt. Als alle aus unserer zukünftigen Gruppe anwesend waren, erschien unser Fahnenjunker G. Er stellte sich vor und gab uns einen kurzen Ablauf, wie es die nächsten Tage laufen sollte. Noch war alles in Ordnung.

Als alle anderen aus unserem Zug das Hauptgebäude erreichten, wurden wir der Größe nach auf dem Flur „aufgebaut". Beim Bund hieß die Anzahl von jungen Männern, die zusammen eine Einheit bildeten, „Zug". In unserem Fall bestand er aus 35 Mann.

Wir erhielten die Bezeichnung 2. Zug. Insgesamt bestand unsere Kompanie aus vier Zügen. Das waren drei schwere Züge, die zur damaligen Zeit mit Kampfpanzer Leopard 1 A4 und einem leichten Zug mit dem Spähpanzer Luchs ausgestattet waren.

Nachdem alle aufgestellt standen und sich jeder seinen Vorder- und Nebenmann gemerkt hatte, wurden wir gegen 17:00 Uhr zum Abendessen geführt. Wir durften nicht allein gehen, sondern wurden wie Kindergartenkinder geführt.

Als wir in der Kantine ankamen, wurden wir lautschreiend von den Soldaten, die mindestens ein Vierteljahr hier dienten, begrüßt. Es fielen Worte wie „Frischfleisch" und „Nasse" oder „Spielbälle".

Wir konnten uns noch nicht erklären, was damit gemeint war. Das sollten wir aber in den nächsten drei Monaten erfahren. Denn das war die harte Zeit der Grundausbildung. Diese hatten die anderen Männer schon hinter sich.

Nach dem Abendessen wurden wir wieder zurück zur Kompanie geführt. Ab diesem Zeitpunkt wusste ich, dass ich an diesem

Ort kaum einen Schritt alleine gehen durfte. Alle dachten wir, dass endlich Feierabend sei und wir uns eingewöhnen können. Aber weit gefehlt. Unser Gruppenführer erweiterte seine Vorstellung von sich selbst und forderte uns dazu auf, sich vorzustellen.

Wir waren alle um die 22 Jahre alt. Bis auf den Kameraden S., der schon verheiratet war und Bauingenieur studiert hatte. Er war 28 oder 29 Jahre alt. Er hatte das Pech, doch noch eingezogen zu werden.

Damals sprach ich noch kein Wort davon, dass ich mit dem Gedanken spielte, mich zu verpflichten. Jedenfalls nicht vor meinem Vorgesetzten.

Gegen 21:30 Uhr verabschiedete sich unser Fahnenjunker mit den Worten: „So, meine Herren, fertig machen zum Schlafen! Um 22:00 Uhr ist das Licht aus und alle sind in den Betten!" Dann verließ er die Stube.

Am nächsten Tag um 06:00 Uhr wurden wir durch den UvD (Unteroffizier vom Dienst) geweckt. Es flog ein Metallmülleimer durch den Flur und er schrie: „Kompanie aufstehen!" Kurz danach wurde die Tür zu unserem Zimmer aufgerissen und Licht flammte auf. Er rief in die Stube: „In 2 Minuten ist alles aus den Betten!"

Nach zwei Minuten war er wieder in unserem Zimmer und kontrollierte, ob alle aufgestanden waren. Wehe dem, der noch im Bett lag!

Nach dem Aufstehen wurden wir zum Frühstück geführt und, wie schon am Abend zuvor, freudig im Speisesaal begrüßt. Nachdem wir gefrühstückt hatten, ging es zur Einkleidung. Wir standen in einer langen Schlange an und wurden durch die Halle von Station zu Station geschickt. Wir bekamen als Erstes unseren Seesack. In dem wurde unsere ganze Ausrüstung verstaut, die wir empfangen mussten. Die Kleidung anzuprobieren, war jedoch nicht möglich, da wir zu viele Rekruten waren und es schnell gehen musste. Einzig die Stiefel und den Gefechtshelm konnten wir auf seine Passform testen. Es ist sicherlich nur der Erfahrung des Personals zu verdanken, dass die meisten Kleidungsstücke, wie Feldhose, Feldjacke und Feldhemd einigermaßen passten.

Nach der Einkleidung ging es zurück in die Kompanie. Unser Gruppenführer zeigte uns einmal, wie der Spind einzuräumen war. Jedes Teil hatte seinen festen Platz und durfte auf keinen Fall an einer anderen Stelle liegen. Begründet wurde dies mit einem bevorstehenden Nachtalarm in der Grundausbildung, bei dem es bis auf ein Hindenburglicht (eine einzelne Kerze auf dem Tisch) keinerlei Beleuchtung geben sollte.

Erstaunlicherweise funktionierte das Einräumen gut und mein Spind wurde nur einmal wieder komplett ausgeräumt, sodass ich alles nochmal machen musste.

Danach durften wir unsere Uniform noch nicht anziehen, da wir erst zum Arzt mussten, in dem man im Schlumpfanzug hinging. Also im blauen Sportanzug. Über die Untersuchung denke ich, brauche ich nicht viel zu erzählen. Sie war nicht anders als die Musterung. Es fielen wieder Worte wie „Hose runter" und „Husten Sie mal". Nachdem wir beim Arzt fertig waren, marschierten wir in Formation zurück zur Kompanie.

Alle brannten darauf, endlich die Uniform anziehen zu dürfen.

Das taten wir schließlich auch. Aber nicht in erhoffter Ruhe, sondern in fünf strammen Minuten. Danach wurde lautstark das Antreten befohlen. Wir rannten auf den Flur und traten an.

Kaum standen wir in einer Linie, donnerten die Worte unseres Zugführers durch die Stille. „Das geht gar nicht! Wie sieht denn Ihre Uniform aus? Wollen Sie die Bundeswehr entehren?" Er schickte uns zurück auf die Stube und alles begann von vorne.

Nachdem alles zur Zufriedenheit des Zugführers ausgeführt war, schickte er uns mit Gebrüll auf die Stuben zurück und befahl uns, einen anderen Anzug anzuziehen. Vom Sportanzug, zum Gefechtsanzug, über den „Kleinen Diener" und „Großen Diener" probierten wir jeden Anzug an. Der Unterschied zwischen dem „Kleinem Diener" und „Großem Diener" bestand darin, dass man beim „Kleinen Diener" Halbschuhe mit Barett zur Ausgehuniform und zum „Großen Diener" die Stiefel mit hochgekrempelter Hose, Koppel und Stahlhelm und je nach Wetterlage mit Mantel trug. Danach kam der Sportanzug an die Reihe. Dann wieder der lange Sportanzug und danach die Winterbekleidung mit Parka und Koppeltragehilfe. Kurz: Wir wurden so gescheucht, dass uns „das Wasser im Arsch kochte".

Unsere Gruppen- und Zugführer hatten im Gegensatz zu uns einen Heidenspaß. Zwischendurch machten wir Formaldienst und sollten dabei das Marschieren lernen.

Das war am Anfang ein großes Gestolper und war weit von einheitlichem Marschieren entfernt. Um uns etwas zu motivieren, ließen uns unser Ausbilder gelegentlich im Laufschritt über den

EX-Platz rennen. Irgendwann waren sie mit unseren Marschversuchen einigermaßen zufrieden. Aber ich denke, dass es daran lag, dass die vorgesehene Zeit verstrichen war.

Wir hatten sehr schnell gelernt, bei der Bundeswehr richteten sich große Teile nach der eingeteilten Zeit des Dienstplans. So verstrichen die ersten Tage.

Meine Gruppe in der Grundi, unten rechts Panzerschütze Trube

Kapitel 3

Das erste Mal Schießen

Nachdem wir unsere Standardwaffe das Gewehr G3 kennengelernt hatten, ging es zum ersten Mal auf die Schießbahn. Jegliche Bauteile des Gewehrs, wie alle Technischen Daten konnten wir aufzählen, wenn man uns um 02:00 Uhr geweckt hätte. Doch dies hätte nicht funktioniert, wenn wir nicht die Waffe zigmal zerlegt und wieder zusammengesetzt und dabei alle Daten und Baugruppen benannt hätten. Wir lernten sogar das Laden mit einem Stiefelbeutel über dem Kopf zu vertiefen.

Dabei wurde es so erklärt: „Es könnte sein, dass wir die Waffe auch im Dunkeln zerlegen müssten."

So kam der Tag des ersten Schießens. Es war nicht so, dass jeder eine Handvoll Munition für das Gewehr bekam und man dann einfach drauflosschoss. Nein, beim Barras lief das anders. Man trat vor und ließ sich mit Namen und Dienstgrad in die Schießkladde eintragen.

Danach ging man einen Schritt weiter und bekam die Munition vom Patronenausgeber ausgegeben. Nicht einfach so, sondern man meldete sich wieder mit Namen und Dienstgrad. Der Patronenausgeber saß natürlich direkt neben dem Schreiber und hat somit den Namen schon gehört. Aber man musste sich dennoch mit dem Namen melden. Danach bekam man seine Munition unter genauen Vorgaben. Wir nehmen an, man bekommt fünf Schuss. Das Ganze läuft dann so ab:

Schütze: „Panzerschütze Trube meldet sich zum Eintragen in die Schießkladde!"

Schreiber: „Panzerschütze Trube in die Schießkladde eingetragen."

Es wurde ein Schritt nach links getreten.

Schütze: „Panzerschütze Trube meldet sich zum Munitionsempfang!"

Patronenausgeber: „Fünf Schuss Gewehrmunition 7,62 mal 51 richtig übergeben."

Schütze: „Panzerschütze Trube hat fünf Schuss richtig übernommen!"

Danach lud man die Munition in das Magazin und wartete, bis man aufgerufen wurde.

Wenn es so weit war, trat man an die Schusslinie und meldete sich mit folgenden Worten bei der Aufsicht, in den meisten Fällen bei seinem Gruppenführer: „Panzerschütze Trube meldet sich zum Schießen!“

Ab hier durfte man nur noch das tun, was die Aufsicht sagte. Wehe, man machte etwas selbstständig!

Als Nächstes folgte das Kommando, Stellung zu beziehen. In den meisten Fällen hieß das „Hinlegen.“ Nur auf Weisung rastete man das geladene Magazin in der Waffe ein.

Als Nächstes meldete der Schütze: „Gewehr G3 teilgeladen und gesichert!“, weil erst das Magazin in der Waffe war und noch keine Patrone im Lauf (Patronenlager).

Dann folgte der Befehl durch die Aufsicht: „Waffe fertigladen.“

Somit zog der Schütze den Ladehebel, heute nennt man ihn Verschlusshebel, nach hinten und ließ ihn los. Wie nicht anders zu erwarten, musste man auch dazu eine Meldung abgeben, obwohl die Aufsicht das offensichtlich gesehen und gehört hatte.

Der Schütze meldete: „Gewehr G3 fertig geladen und gesichert!“

Nach diesem Prozedere hörte man je nach Übung von der Aufsicht: „Ein Schuss Einzelfeuer auf erkannten Feind! Feuer frei!“

Oh, welches Wunder! Der Schütze durfte schießen, ohne eine weitere Meldung abzugeben. Wenn man schließlich seine Munition verschossen hatte, meldete er: „Gewehr G3 durchgeschossen!“

Die Aufsicht sagte: „Sicherheitsüberprüfung durchführen.“

Nun sicherte der Schütze die Waffe, entnahm das Magazin, zog den Ladehebel (Verschlusshebel) zurück und rastete ihn ein. Anschließend schaute er in das Patronenlager und meldete G3 entladen, Patronenlager frei, G3 gesichert und ließ die Aufsicht ins Patronenlager und das Magazin schauen. Dann ließ man den Ladehebel nach vorne schnellen, entsicherte die Waffe und drückte in Richtung des Zielfeldes ab, um die Waffe zu entspannen.

Wenn das geschafft war, meldete er: „Gewehr G3 entladen, entspannt und gesichert!“

Nun durfte er aufstehen, sich mit den Worten „Panzerschütze Trube meldet sich vom Schießen ab!“ abmelden und zum Schreiber zurückgehen, um sein Trefferergebnis anzugeben, damit dieser es in die Schießkladde eintragen konnte. Natürlich musste man vorher beim Patronenausgeber angeben, dass man alle fünf Schuss verschossen hatte. Es könnte sein, dass eine Patrone nicht gezündet hatte, die man dann natürlich wieder abgeben musste. Das nennt man „Versager."

Nun aber genug des Vorgeplänkels. Nachdem ich die erste Tortur der Melderei hinter mir hatte und endlich auf dem Boden lag, um zu schießen, ging es los. Wir sollten auf 50 Meter eine große 10er-Ring-Scheibe beschießen.

Ich visierte an und schoss. Kurz gesagt, von möglichen 50 Ringen schoss ich 46. Ich war überrascht, dass die Waffe eigentlich einen sehr geringen Rückstoß hatte. Später musste ich feststellen, dass das an der sogenannten „blauen Munition" lag.

Bei dieser Munition handelt es sich um Plastikgeschosse, die in einer hellblauen Plastikhülse steckten. Diese Patronen sind mit wesentlich weniger Treibladungspulver gefüllt und dienen dazu, die neuen Schützen langsam an das Schießen zu gewöhnen. Außerdem ist diese Munition billiger als die Gefechtsmunition. Dennoch können auch diese Geschosse tödlich sein. Deshalb ist der Aufwand mit der Melderei und der Sicherheit gerechtfertigt.

Die zweite Runde ging über 100 Meter und diesmal sollten wir mit Gefechtsmunition schießen. Als ich auf der Erde lag und meinen ersten „scharfen" Schuss abgeben wollte, bedachte ich natürlich nicht, dass bei dieser Munition die volle Treibladungsfülle vorhanden war. Ich schoss also und bekam den vollen Rückstoß nicht nur in die Schulter, sondern auch auf mein Jochbein. Und bloß, weil ich das Gewehr nicht richtig in der Schulter liegen hatte.

Mein Gruppenführer grinste und meinte: „Ich habe euch gleich gesagt, dass ihr die Waffe richtig einziehen sollt."

Der Spruch nützte mir nicht viel und ich hatte die nächsten Tage ein schönes Veilchen herumzutragen. Ich war aber in bester Gesellschaft, weil es auch anderen Männern so erging wie mir. Wir hatten den Eindruck, dass das die Uffze mit Absicht getan hatte. Als ich später selber Unteroffizier und Gruppenführer war, verstand ich es, weil ich es auch nicht anders machte.

Wir nannten das damals: Phase fünf, lernen durch Schmerz.

Das war mein erstes Schießen mit dem Gewehr G3. In den folgenden Wochen folgte die Ausbildung mit der MG3, der Pistole P1 und MP UZI. Panzerfaustschießen und Handgranatenwerfen waren auch an der Reihe.

Von der Vorgehensweise in Bezug auf die Sicherheit war es nicht anders als das Gewehrschießen. Wir schossen nur mit Übungsgeschossen der Panzerfaust und warfen lediglich

Übungshandgranaten. Diese sind nicht gefährlicher als 2-Pfennigknaller für Sylvester. Daher, so denke ich, kann ich auf die Schilderung der Erlebnisse an dieser Stelle verzichten.

Kapitel 4

Wie wir einen Unteroffizier in den Wahnsinn trieben

Eine schöne Anekdote war, wie wir einen Unteroffizier fast in den Wahnsinn trieben. Der vor ein paar Tagen beförderte, junge Unteroffizier verlangte von uns, dass wir ihn mit der Hand zu Gruß grüßen sollten. Ging man an ihm vorbei und tat dies nicht, so rief er einen zurück und belehrte einen scharf, man müsse ein paar Schritte zurückgehen, um wieder an ihm vorbeizulaufen und dabei vorschriftsmäßig zu grüßen.

Wir fühlten uns dabei albern, weshalb wir uns eines Morgens vom Parkplatz, wo er parkte, bis zu unserer Kompanie aufstellten. Das waren etwa 400 bis 500 Meter. Alle zehn Meter stand ein Rekrut aus unserer Kompanie und grüßte ihn vorschriftsmäßig. Den Tipp bekamen wir von einem Feldwebel, der kein Fan von dem jungen Uffz war, denn der junge Unteroffizier musste uns ebenso zurückgrüßen.

Also: Hand an das Barett und „Guten Morgen, Herr Panzerschütze".

Als wir das durchexerziert hatten, kam der Unteroffizier zu uns und bat darum, so etwas nie wieder zu tun, da er einsah, dass er einen Fehler begangen hatte. Wir hatten also unser Ziel erreicht und ihm eine Lektion erteilt.

Wir hatten uns prächtig amüsiert, er allerdings nicht.

Kapitel 5

Wie ich mich auf vier Jahre verpflichtete

Ende November kam der Tag, an dem ich zuerst bei meinem Zugführer Hauptfeld A. war und danach bei meinem Kompaniechef Hauptmann E., um meinen Wunsch, eine vierjährige Verpflichtung im Bund zu äußern. Mein Chef sagte mir, dass er meinen Entschluss begrüßte und sich darum kümmerte.

Etwa zwei Wochen später wurde mir gesagt, dass eine Verpflichtung auf vier Jahre kein Problem wäre und ich sogar in unserer Kompanie eine Stelle bekam. Schon während der zwei Wochen Wartezeit bis zur Entscheidung spürte ich am Verhalten meiner Gruppenführer, dass sie von meinem Anliegen wussten. Ich wurde bei jeder Gelegenheit als „Hilfsausbilder" herangezogen und bekam etliche Sonderaufträge.

Bei einem Geländelauf in Kampfanzug mit Stiefeln durch Knöchelhohen Schnee hörte ich immer wieder die Worte: „Los schneller, sie wollen doch verlängern!"

Das Lustige daran war, dass mein Gruppenführer Fahnenjunker G. nicht schneller war als wir, aber mindestens genauso viel keuchte. Aber immer die Untergebenen ärgern, nicht wahr? Dennoch war es eine schöne Zeit und ich brannte darauf, endlich den Vertrag zu unterschreiben.

Dann kam der Tag unserer Rekrutenbesichtigung im verschneiten Dezember. Diese verlief folgendermaßen:

Die vorherige Nacht schliefen wir in der Kaserne. Normalerweise schlief ich immer zuhause, da ich nur 25 Kilometer bis zur Dienststelle brauchte. Dies war erlaubt, allerdings mussten wir jeden Morgen um 06:00 Uhr zum Wecken anwesend sein.

Nun, an diesem Tag mussten wir über Nacht in der Kaserne schlafen. Daher ahnten wir, dass es eine kurze Nacht geben wird. Und so war es auch. Um 03:00 Uhr wurden wir durch Gebrüll und Lärm auf dem Flur geweckt. Kurz danach flog unsere Stubentür auf und Fahnenjunker G. schrie: „Alaaaaaarm!"

Wir sprangen aus den Betten und machten das Licht an. Sofort wurden wir angeschrien, dass das Licht wegen des imaginären Feindes ausbleiben sollte. Alles, was wir an Licht machen durften, war ein Hindenburglicht, also eine kleine Kerze.

In der Dunkelheit mussten wir schleunigst unsere Sachen packen. Das, was nicht in den Kampfrucksack kam, wurde im Seesack verpackt und auf einem Unimog verladen. Im Kampfgepäck befanden sich, sofern ich mich erinnerte, neben einem weiteren Kampfanzug, Wechselunterwäsche, Socken, Waschzeug und andere vorgeschriebene Dinge. Dazu kam der Schlafsack, der auf dem Rucksack befestigt wurde. Am Mann hatten wir ein Koppeltragegestell, das Essgeschirr, eine Trinkflasche, einen Klappspaten und unsere zugeteilte ABC-Schutzmaske. Außerdem eine Magazintasche mit vier Magazine für das Gewehr G3, wie natürlich unsere Waffe.

Wenn man Pech hatte, war man MG-Schütze und hatte anstelle seines relativ leichten G3 (4,38 Kilogramm ungeladen) das MG3 mit 11,5 Kilogramm ungeladen zu schleppen. Oder auch die Panzerfaust 44 mit einem Gewicht von rund zehn Kilogramm. Das MG3 war im Grunde genommen bis auf leichte Veränderung das gleiche wie das MG 42 der deutschen Wehrmacht aus dem zweiten Weltkrieg. Die Panzerfaust 44 basierte auf der Panzerfaust 150, ebenfalls von der deutschen Wehrmacht aus dem zweiten Weltkrieg.

Nachdem wir unsere Waffen empfangen hatten, wurden wir auf einen LKW und einen Unimog verladen, wie bei geschlossener Plane ins „Feld“ gefahren. Wir fuhren etwa 30 Minuten, konnten dementsprechend nicht weit weg von der Kaserne sein. Das gab uns die Hoffnung, dass der Rückmarsch nicht allzu weit sein würde.

Wir bezogen unseren Biwak-Raum und mussten zuerst Alarmstellungen graben. Natürlich im Liegen mit unseren Klappspaten. Wie gesagt, es war Dezember und es lag Schnee. Der Boden war gefroren und wer einmal versucht hat, gefrorenen Boden mit einem Spaten umzugraben, kann sich vorstellen wie viel „Spaß“ das im Liegen mit einen etwa 40 Zentimeter kurzen Klappspaten machte.

Nachdem wir endlich die Stellungen gegraben hatten, durften wir unsere „Dackelgaragen“ aufbauen. Das bedeutet, dass immer zwei Soldaten aus ihren Zeltplanen ein Zweimannzelt bauten. Dazu wurden zwei Zeltplanen von circa zwei Metern mal einem Meter zusammengeknöpft und mit Hilfe von jeweils drei etwa 30 Zentimeter langen Zeltstangen aufgebaut.

Unser großer Luxus war, dass jedes Zelt ein Bund Stroh für den Boden bekam, damit es nicht zu kalt von unten wird. Denn die Zelte waren natürlich bodenlos. Aber eigentlich war das egal, da wir in den drei folgenden Tagen maximal vier Stunden im Zelt liegen durften.

Nachdem wir unsere Zelte aufgebaut hatten, mussten wir ein großes Acht-Mann-Zelt für unsere Führung aufbauen. Die Führung hatte sogar einen Kanonenofen in ihrem Unterschlupf. Der einzige Trost war, dass die Führung nicht länger als wir schlafen konnte. Mit dem Unterschied, dass die Gruppenführer keinen Wachdienst hatten.

Den Rest des Tages hatten wir unsere Ausbildung unter gefechtsmäßigen Bedingungen. Dazu gehörte die ABC-Ausbildung mit dem Over-Gamen-Anzug. Das war ein Anzug, der aus einer Jacke mit Kapuze und einer Hose bestand, sowie einer Art von Gummistiefeln, die über den Kampfstiefeln getragen wurden. Die Over-Gamen wurde über den normalen Kampfanzug gezogen und waren mit Kohlepartikeln gefüllt. Das sollte atomare, biologische und chemische Kampfstoffe abhalten. Der Vorteil war, dass es in den Klamotten warm war, was bei minus acht Grad Außentemperatur eine feine Sache darstellte.

Wir mussten immer wieder in die Alarmstellungen einrücken, wobei wir die letzten Meter auf dem Bauch rutschten. Das nannte man „in die Stellung gleiten“. Als die Dunkelheit einbrach, waren wir erschöpft, und wollten nur noch in unsere Schlafsäcke.

Aber viel Schlaf bekamen wir nicht. Immer wieder wurden wir des Nachts alarmiert und mussten in unsere Stellungen. Natürlich wurden auch Alarmposten eingeteilt. Hatte man den Alarmposten zu stellen, lag man mit einem Kameraden für zwei Stunden hinter dem MG und beobachtete das vor einem liegenden Gelände. Nach diesen zwei Stunden hatte man noch weitere zwei Stunden Feuerwache, bevor man endlich für andere zwei Stunden in den Schlafsack kriechen durfte.

Unser Gewehr, das immer am Mann sein musste, nahmen wir natürlich auch mit in den Schlafsack. Da es so kalt war und wir dauernd alarmiert wurden, zogen wir nur die Stiefel im Schlafsack aus. Merkwürdig war nur, dass wir ein Lagerfeuer machen durften, obwohl wir uns „im Krieg“ befanden. Wir durften schließlich keinen Lärm machen, weil der Feind das hören würde.

Aber der Feind muss anscheinend blind gewesen sein, ansonsten hätte er unser Feuer gesehen.

Natürlich bekamen wir auch Nahrung. Das war in Form von EPA. Das ist ein Karton mit den wichtigsten Sachen, wie einer zu erhitzenden Hauptspeise, Getränkepulver, Keksen, Kaugummi, etwas hochprozentiger Schokolade, Streichhölzern und ganz wichtig: Klopapier. Was sonst noch dabei war, weiß ich nicht mehr. Aber ich erinnere mich noch daran, dass mir danach noch der Magen knurrte. Das war nicht beabsichtigt, gestillt zu werden, da man durch die Essenrationen nur überleben sollte.

Als die erste Nacht vorüber war, begann der zweite Tag. Und wer hätte das gedacht, er bestand aus neuer Ausbildung. Dabei wurde wieder in die Stellungen bis zum Erbrechen eingerückt.

In der folgenden Nacht geschah dasselbe Spiel wie davor. Unsere Nerven lagen blank und unsere Körper waren erschöpft.

Am Morgen des dritten Tages hatten wir unseren Marsch zurück in die Kaserne. Natürlich mit gefechtsmäßigen Einlagen. Feindberührung, Bekämpfen des Feindes und Ausweichen gehörten mit dazu. Dadurch hatten wir am Ende eine Marschstrecke von etwa 20 Kilometern.

Der Höhepunkt, so dachten wir, war die ABC-Einlage.

Wir mussten circa drei Kilometer unter Vollschutz, also mit Gasmaske aufgezogen, marschieren. Als wir die Masken und unsere Over-Gamen anhatten, wurden wir angegriffen.

Kurz vorm Ziel, unsere Kaserne, kam unser Kommandeur, ein Oberstleutnant zu uns und schaute sich an, was wir in der Grundausbildung gelernt hatten. Der Höhepunkt kam, als ich mit fünf Kameraden, die sich weiterverpflichten wollten, vor die im Gelände angetretene Kompanie treten musste und bei Minusgraden „Im Felde“ vereidigt wurde.

Unser Kommandeur fragte uns, ob wir bei der Eidesformel am Ende den Zusatz „So wahr uns Gott helfe!“ sagen wollten. Nun, wir waren nach zwei Nächten und drei Tagen Dienst mit sehr wenig Schlaf so ermüdet, dass wir sagten, dass es uns egal sei. Es wäre uns sicherlich nicht egal gewesen, wenn wir ausgeruht gewesen wären. Denn wenn man sich bei einem Schwur auf Gott bezieht, hat ein Eid eine andere Bedeutung.

Das war am 20. Dezember 1990.

Wie dem auch sei, wir schworen bei Gott.

Nach der Zeremonie ging es die letzten vier oder fünf Kilometer zurück in die Kaserne.

Als wir dort ankamen, freuten wir uns, diese Tortur hinter uns zu haben. Aber weit gefehlt. Wir „durften" noch mit unseren Waffen und dem Gepäck über die Kampfbahn gehen. Diese war wie eine Bundeswehrkampfbahn in jeder Kaserne vorhanden und etwa 250 Meter lang, wie mit zwölf Hindernissen ausgestattet. Dazu gehörte eine Löwengrube, die Eskaladierwand, der spanische Reiter und auch die Schwebebalken.

Nachdem wir das hinter uns hatten, durften wir in die Kompanie und uns nach dem Waffenreinigen und Reinigen der persönlichen Sachen endlich ins Bett legen und schlafen.

Die meisten verschliefen dabei auch das Abendessen, mich eingeschlossen. Zum Glück ließ man uns in Ruhe und weckte uns erst am nächsten Morgen in altbewährter Weise durch lautes Geschrei.

Das war der Tag, an dem ich mich für vier Jahre verpflichtete.

Ich bereute das nie, auch wenn es nicht immer schön war.

Kapitel 6

Die spezielle Grundausbildung im PzBtl 44 in Göttingen

Zur speziellen Grundausbildung musste ich mit einem zukünftigen Unteroffizierskameraden und vier oder fünf zukünftigen Fahnenjunkern (Offizierslaufbahn) nach Göttingen in die Zieten-Kaserne zum Panzerbataillon 44.

Das war in der Zeit vom 03. Januar 1991 bis 29. März 1991.

In unserer Kaserne konnte die Ausbildung nicht stattfinden, da wir zu dieser Zeit noch den Leopard 1 A 4 hatten. Dieser hatte noch keine Laserentfernungsmessung. Man musste beim Zielen mit der Kanone zwei Stachel in Deckung bringen und dazu räumliches Sehvermögen nutzen. Da wir während unserer Grundausbildung aber erfuhren, dass unser Panzeraufklärungsbataillon aufgelöst werden sollte, waren wir als Zeitsoldaten in das Panzerbataillon 54 versetzt worden, welches ebenfalls in unserer Kaserne beheimatet war. Dieses hatten schon den Leopard 1 A5 mit der Lasertechnik.

Also rückten wir Anfang Januar 1991 in Göttingen ein.

Viel gibt es dazu nicht zu sagen. Wir wurden auf dem Panzer als Richt- und Ladeschützen ausgebildet. Dazu gehörten zahlreiche Trockenübungen mit einem Simulator und auch Zielübungen auf dem Standortübungsplatz. Zum Ende der Ausbildung fuhren wir nach Putlos auf den Übungsplatz, um scharf mit dem Panzer zu schießen.

Erwähnenswert ist, dass wir als Aufklärer in einem Panzerbataillon ausgebildet wurden. Denn Aufklärer, die Krone des Heeres, die in einem Panzerbataillon untergebracht waren, waren eine Herausforderung.

Wir waren stolz, goldgelbe Litzen tragen zu dürfen und nicht die rosafarbenen wie die „Panzerbullen"

Wir sagten immer „Panzerbullen breit fahren, schmal denken", da sie immer in breiter Kette mit mindestens zwölf Panzern fuhren. Während wir nur mit drei Panzern unterwegs waren und die Gefechtsfeldaufklärung betrieben. Wir waren sozusagen die Speerspitze des Heeres. Was wir mit unseren Panzern erledigten, machte früher die Kavallerie.

Nun, wenn freitags unser Abschlussantreten vor der Kompanie war, rief man: „Panzer Hurra, Panzer Hurra, Panzer Hurra!"

Wir als Aufklärer standen am rechten, oder linken Flügel und riefen nicht mit, denn wir als Aufklärer riefen normalerweise: „Horrido Joho, Horrido Joho, Horrido Joho!“

Eines Tages sprach uns unser Kompaniechef diesbezüglich an und verlangte, dass wir ebenfalls mit den anderen rufen sollen. Die Forderung verneinten wir mit den Worten: „Wir sind stolze Aufklärer und rufen niemals Panzer Hurra.“

Trotz Verwarnung blieben wir weiterhin stumm an unserem Flügel und nach einiger Zeit gab der Kompaniechef auf. So gingen die Tage und Wochen dahin und wir schlugen uns gut in der Ausbildung.

Wenn ich mal keine Lust auf die Ausbildung hatte, weil wieder Blödsinn auf dem Dienstplan stand wie Formaldienst, meldete ich mich ab und sagte, dass ich in die 2. Kompanie zum Spieß müsse.

Das war ein guter Bekannter von mir und kam aus dem gleichen Dorf wie ich. Er sagte am Anfang meiner Ausbildung zu mir, als ich ihm erzählte, dass ich in seiner Kaserne ausgebildet werden soll: „Wenn es mal etwas gibt, was du nicht machen willst, kommst du einfach zu mir und wir trinken zusammen einen Kaffee.“ Das nutzte ich natürlich das eine oder andere Mal.

Dann kam der Tag, an dem wir zu unserem ersten Übungsplatzaufenthalt fuhren. Der war wie gesagt in Putlos, der ein Übungsplatz an der Ostsee war. Wir fuhren für die 416 Kilometer eineinhalb Tage und eine Nacht. Es ist üblich gewesen, dass Militärtransporte nicht bevorzugt auf die Schiene durften. Das heißt, wir standen die meiste Zeit auf Abstellgleisen und fuhren eigentlich nur in der Nacht.

Das Schießen in Putlos war aber sehr schön. Der erste Schuss, der gemacht wurde, wurde über ein Kabel ferngezündet. Weil der Panzer schon über ein Jahr nicht geschossen hatte, durfte beim ersten Schuss niemand auf dem Panzer sitzen. Es hätte sein können, dass der Schuss im Rohr explodiert und Anbauteile durch den Panzer fliegen und jemanden verletzen oder gar töten werden konnte.

Als das erledigt war, schossen wir mit unseren Panzern. Aber nur ÜB-Munition. Das ist Munition, die statt eines Gefechtskopfs mit Sprengstoff bei der HEAT nur ein Betongeschoss hat. Der Vorteil dabei war, dass jeder Schuss nur 1.000 DM (Deutsche Mark) gekostet hatte. Bei scharfer Gefechtsmunition waren es also 2.000 DM.

Da der Panzer Leopard 1 A5 schon einen Laserentfernungsmesser hatte, war es nicht schwer zu treffen. Man musste nur das Ziel anvisieren, anlasern und abdrücken. Den Rest hat der Rechner auf dem Panzer besorgt.

Wenn man sich nicht ganz dämlich anstellte, konnte man auf Entfernungen von Null bis 3.500 Metern eigentlich nicht danebenschießen.

Die zwei Wochen, die wir auf dem Übungsplatz in Putlos übten, waren super. Tagsüber schießen wir und hatten viele Pausen. Abends hatten wir sogar ein kühles Bier zum Genießen.

Weniger schön war es, als wir nach den zwei Wochen wieder in unserer Kaserne ankamen. Da hieß es eine ganze Woche Panzer putzen. Und wie sehr wir auch putzten, es war nie genug. Aber wie wir es schon in der Grundausbildung gelernt hatten, die Zeit arbeitete für den Rekruten. War der angesetzte Zeitraum verstrichen, war der Panzer sauber. Also hieß es für uns nur: Zeit totschlagen.

Nach unserer speziellen Grundausbildung ging es am Osterdienstag wieder zurück in unsere Stammeinheit. Was danach passierte könnt ihr im nächsten Kapitel lesen.

So neigte sich das erste halbe Jahr meiner Dienstzeit dem Ende.

Davon diente ich nur die Hälfte der Zeit in meiner Stammeinheit. Das sollte sich durch die vier Jahre, in denen ich diente, ziehen.

Kapitel 7

Unteroffizierslehrgang in Lüneburg

Wie schon oben erwähnt traten wir am Osterdienstag 1991 unseren Dienst wieder in Hessisch Lichtenau in der Blücher-Kaserne an. Als wir uns um 07:00 Uhr bei unserem Kompaniechef Hauptmann F. meldeten, mussten wir erst von unserer speziellen Grundausbildung erzählen. Wir verbrachten fast 30 Minuten bei ihm.

Er sagte uns, dass mittlerweile das PzBtl 54 aufgelöst sei und wir Aufklärer weiterhin in der Kaserne bleiben würden. Wir würden auch unsere Panzer vom Typ Leopard 1 A4 abgeben und stattdessen den Leopard 2 bekommen. Das war natürlich ein Riesenschritt für uns.

Wenn man Leo 1, wie wir ihn hatten, mit dem Leo 2 verglich so ist es, als wenn man einen Horch von 1954 mit einem BMW von 1990 vergleichen würde. Oder auch eine Pferdekutsche mit einem Auto. Ich will sagen: Die Technikunterschiede betrugen Welten.

Nachdem wir beim Chef waren, mussten wir uns bei unserem Spieß melden. Den Namen habe ich leider vergessen, aber ich habe noch in Erinnerung, dass er ein ganz passabler, ausgeglichener Mann war. Aber das ist auch kein Wunder, denn er ging kurz danach in Pension.

Nun, als wir vor seinem Schreibtisch standen, fragte er uns ebenfalls, wie die Ausbildung gewesen sei und ob wir unsere Ausrüstung ausgepackt hätten. Wir verneinten das, weil wir nicht einmal wussten, welche Stuben wir beziehen sollten.

Daraufhin sagte er, dass sich unsere Stuben in Lüneburg in der Theodor-Körner-Kaserne befinden würden.

Wir schauten ganz erstaunt und er teilte uns mit, dass wir uns dort um 11:00 Uhr zum Unteroffizierslehrgang melden sollten.

Der Lehrgang sollte vom 02. April 1991 bis 27. September 1991 dauern und fand am Rand von Lüneburg statt.

Wir waren verdutzt und ließen uns unsere Marschpapiere geben. Dann fuhren wir in einen neuen Abschnitt unserer Karriere. Zuvor wurden wir noch am 01. April 1991 zu den Gefreiten-Unteroffiziersanwärtern (GUA) befördert. Also die angehenden Reserveoffiziere zu Gefreiten-Fahnenjunkeranwärtern (GOA).

Wir bekamen unsere neuen Schulterstücke. Ein schräger Balken und einem geraden Balken. Die zukünftigen Fahnenjunker hatten diese Balken und eine zusätzliche Silberlitze. Da es mittlerweile nach 08:00 Uhr war, wussten wir von vorneherein, dass wir es unmöglich bis um 11:00 Uhr bis nach Lüneburg schaffen konnten. Dass das schlimme Auswirkungen haben sollte, als wir ahnten, erfuhren wir erst später.

Noch schnell an der Telefonzelle angehalten und daheim Bescheid gegeben, dass wir abends nicht nach Hause kommen würden, ging es los. Handys gab es damals noch nicht zu großen Anzahlen. Die Handys, die es gab, waren so groß wie Backsteine, wie sehr schwer und eine Minute zu telefonieren, kostete weit über drei DM.

Die Fahrt nach Lüneburg war ruhig und wir hatten keine Schwierigkeiten. Dennoch waren wir erst nach 12:00 Uhr in der Kaserne angekommen, um uns beim Kompaniechef zu melden. Bevor uns der Chef überhaupt einen guten Tag wünschte, bekamen wir eine Gardinenpredigt zu hören. Er wollte wissen, warum wir zu spät waren. Wir versuchten ihm zu erklären, dass wir erst heute Morgen aus der speziellen Grundausbildung in unsere Stammeinheit zurückgekehrt waren. Aber das interessierte ihn nicht.

Wir waren davon ausgegangen, dass Spieß bei ihm angerufen hatte, um unsere zu erwartende Verspätung anzukündigen und zu erklären. Anscheinend hatte er das jedoch nicht getan. Wahrscheinlich war er damals gedanklich in Pension.

Wir ließen das Donnerwetter über uns ergehen und hofften das Beste. Nachdem der Hauptmann mit uns fertig war, durften wir zu Hauptfeldwebel B., dem Kompaniefeldwebel.

Der begrüßte uns und sagte auch gleich, dass wir das große Los durch unsere Verspätung gezogen hatten. Danach teilte er uns für die Wache am Samstag ein.

Wir hatten nicht protestiert, denn wir wussten, dass wir es dadurch nur noch schlimmer gemacht hätten. Aber ausgerechnet am Samstag Wache schieben? Das empfanden wir als zu hart. Wir büßten für einen Fehler, den wir nicht begangen hatten.

Das bedeutete für uns beide, meinen Kameraden Heiko und mich, dass wir am Freitag nicht nach Hause fahren konnten, weil die Wache um 08:00 Uhr begann und 24 Stunden ging. Natürlich lohnte es sich auch nicht, am Sonntagmorgen nach Hause zu fahren.

Damit war das erste Wochenende versaut, genauso unsere Laune. Aber was will man machen? Wir bissen in den sauren Apfel und fügten uns. Es hätte auch keinen Sinn gemacht, sich zu beschweren. Damals gab es noch Befehl und Gehorsam und nicht wie heute, wo alles debattiert werden musste.

Ansonsten begannen wir unsere sechs Monate Unteroffiziersausbildung mit dem „grünen Teil". Also Infanteristische Ausbildung. Diese sollte knapp drei Monate andauern. Daran schloss sich die Kommandanten-Ausbildung auf dem Leopard 1 A5 an.

Die letzten drei Wochen waren schließlich Urlaub.

Ich werde mich hier nicht lange damit aufhalten, die Infanterie-Ausbildung bis ins Kleinste zu schildern.

Wer beim Bund war, wird wissen, dass es sich dabei um nichts anderes als eine verschärfte Grundausbildung handelte. Nur mit dem Unterschied, dass man zum Gruppenführer ausgebildet wurde. Diese Gruppenführer-Ausbildung war aber im Grunde nichts anderes. Außer, dass man seine Gruppe führen und befehligen musste.

Ich beschränke mich hier auf lustige oder weniger lustige Dinge, die wir erlebt hatten. Das lockert die Erzählung vielleicht etwas auf.

Kapitel 8

Lustiges und weniger Lustiges vom Uffz-Lehrgang

Fangen wir mit etwas Lustigen an. Wir hatten eine Übung, in der wir einen Angriff aus unseren Kampfständen bereinigen sollten. Es war Mai 1991 und sehr heiß an diesem Tag. Vielleicht war es um die 30 Grad warm.

Ich war als Gruppenführer eingeteilt worden und sollte meine Soldaten so einteilen, dass die zehn Männer alle fünf Kampfstände besetzen konnten. Sie waren so aufgeteilt, dass je ein Kampfstand flankierend gegraben war und drei Kampfstände in die Hauptkampfrichtung wiesen. Ich teilte also je zwei Kameraden pro Kampfstand ein. Ich als Gruppenführer war an keinen festen Platz gebunden.

Unseren MG-Schützen mit dem MG-Schützen zwei, der die Ersatzmunition zu tragen hatte, setzte ich in einen der Kampfstände in Hauptkampfrichtung, wo der Feind zu erwarten war. Im Kampfstand daneben war der Panzerfaustschütze mit einem mit G3 bewaffneten Soldaten.

Als das Gefecht losging, war ich im linken Kampfstand in Hauptkampfrichtung. Nach einer Weile des Gefechtes, wir hatten den ersten Angriff zurückgeschlagen, fragte ich meine Kampfstände nach Verlusten und Verletzungen, wie nach dem Munitionsvorrat.

Alle, bis auf den rechts flankierenden Kampfstand, antworteten. Ich rief noch mal den nicht antwortenden Kampfstand ab, bekam aber wieder keine Antwort.

Als ich meinen Kopf nach hinten drehte, sah ich unseren Ausbildungsfeldwebel an diesem Kampfstand stehen. Da meine Soldaten immer noch nicht antworteten und auch die Kampfstandbesatzung mir keine Auskunft geben konnte, was los war, beschloss ich, mir selber ein Bild von der Lage zu machen.

Ich robbte also zum Kampfstand hinüber. Ich musste schließlich mit Feindbeschuss rechnen und sah meine beiden Soldaten regungslos in ihrem Kampfstand liegen.

Auf meinen fragenden Blick zum Ausbildungsfeldwebel sagte dieser: „Beide tot, Kopfschuss."

Ich glitt in den Kampfstand und rief einen weiteren Soldaten aus dem links neben mir befindlichen Kampfstand zu mir, da gerade ein neuer Angriff gestartet wurde und das natürlich aus der rechten Flanke.

Als der Kamerad bei mir war, sagte ich zu diesem: „Los! Die beiden Leichen oben auf den Rand des Kampfstands. Wir nehmen sie als Kugelfang!“ Das taten wir schließlich auch.

Mein Ausbildungsfeldwebel schrie mich an, dass das angeblich absolut pietätlos sei.

Ich antwortete darauf: „Ja, aber so nützen die Leichen uns noch etwas. Es ist egal, ob sie nur ein Loch im Kopf oder mehrere Schusswunden haben. Tot ist tot!“

Er war so verdutzt, dass er nichts mehr sagte.

Nach einer Weile, auch dieser Angriff war abgeschlagen, sagte mein Feldwebel zu mir: „Los hinlegen und schreien.“ Ich fragte ihn, welche Verletzung ich hätte und er sagte: „Sonnenstich.“

Also tat ich wie befohlen, legte mich hin und schrie. Daraufhin tat sich erstmal nichts.

Ich schrie und schrie.

Weil sich nichts rührte, rief mein Feldwebel: „Gefreiter Bernhardt, Sie sind der neue Gruppenführer!“

Der reagierte zügig und sprang zu mir in den Stand. Ihm wurde gesagt, welche „Verwundung“ ich hätte und er verfrachtete mich in einer Gefechtspause nach hinten in den Schatten eines Baumes.

Mir wurde ein nasser Lappen zur Kühlung auf den Kopf gelegt und ich konnte mir den Rest, allein gelassen mit meinem Gewehr zur Verteidigung neben mir, seiner Gruppenführertätigkeit (circa eine Stunde) im Gefecht, in Ruhe rauchend und im Schatten sitzend, ansehen. Das war die schönste Gefechtsübung, die ich je erlebt hatte.

Nach der Übung wurde die Manöverkritik durchgeführt. Auch mein Kompaniechef war der Ansicht, dass es zwar pietätlos war, dass ich meine „gefallenen“ Kameraden als Kugelfang missbrauchte, aber nach genauer Überlegung fand er es sehr praktisch. Meine Benotung fiel also nicht schlecht aus. Allerdings bemängelte er mein Verhalten, als ich im Schatten unter dem Baum lag und mir teilnahmslos das Gefecht anschaute.

Als ich ihm jedoch sagte, dass ich einen Sonnenstich oder Hitzschlag gehabt hätte, meinte er nur: „Trube, Trube. Mit einem Hitzeschlag raucht man aber nicht.“ Er grinste.

Wir mussten abends beim Genuss von mehreren Flaschen Bier noch über meine Antworten lachen. Nur durch Schlagfertigkeit kann man auch beim Bund eine schöne, lange Pause machen. Und wieder hatten wir etwas gelernt, um sich abzuseilen.

Etwas anderes, das nicht so lustig war, woran man sich aber im Nachhinein gerne erinnert, war, wie wir eine Minensperre aus Panzerminen anlegen sollten.

Dazu wurden wir mit dem 2-Tonner auf den Übungsplatz nach Wendisch-Ewern gefahren. Das waren etwa sechs Kilometer Entfernung. Als wir dort ankamen, musste jeder zwei Panzerminen, den Typ weiß ich nicht mehr genau, könnten aber DM 70 gewesen sein, aufnehmen. Die wiegen etwa zwölf Kilogramm pro Mine. Also eine links an der Hand, eine rechts an der Hand.

Mit denen sind wir etwa drei Kilometer über den Übungsplatz gegangen und mussten diese eingraben. Da wir nicht wussten, dass man auch einen Verlege-Plan zeichnen musste, haben wir die Minen ohne System vergraben. Nachdem wir fertig waren und es meldeten, durften wir sie wieder ausgraben und von vorne beginnen. Das erste Vergraben war wohl Schikane von unseren Gruppenführern gewesen, denn erst zu dem Zeitpunkt des Ausgrabens sagten sie uns, dass die Minen mit System vergraben werden und ein Verlege-Plan angefertigt werden musste. Sie erklärten uns das System und wir vergruben die Minen wieder. Es waren natürlich nur Übungsminen ohne Sprengladung, was aber nichts am Gewicht änderte.

Als wir endlich alle Minen verlegt hatten und der Verlege-Plan durch jeden einzelnen von uns gezeichnet war, mussten wir die Minen wieder ausgraben. Mittlerweile war der Vormittag verstrichen.

Der Spieß kam auf den Übungsplatz und brachte uns das Essen.

Wer selbst gedient hatte, wird wissen, dass zwar eine Warmverpflegung „im Felde“ im Grunde schön war, aber nicht, wenn man sie aus dem Essgeschirr der Bundeswehr (Pickpott) essen musste. Das war ein Gefäß, das aus drei Teilen bestand. Diese haben die Form einer Niere und bestehen aus einem großen Teil, einem kleineren Innenteil, das man separat nutzen konnte, und einem Deckel. In den Deckel kam normalerweise die Suppe, wenn es eine gab, ansonsten das Getränk. In den kleinen Innenteil kam der Nachtisch und in den großen Teil der Rest.

Wenn es Eintopf gab, ging es noch. Aber wehe, es gab Kartoffeln, Schnitzel und Soße mit Gemüse! Alles war sehr nahrhaft, aber eklig, weil alles in einen Topf geknallt wurde. Wie zum Teufel sollte man da sein Schnitzel schneiden?

Außerdem sah es unappetitlich aus. Aber der Hunger trieb es rein. Unsere Uffze hatten natürlich Teller, aber die, die in der Ausbildung waren, nicht. Später sollte sich das allerdings auch bei uns ändern.

Nachdem wir „gegessen" hatten, dachten wir, es gehe jetzt mit dem 2-Tonner wieder zur Kaserne zurück, da unsere Ausbilder gesagt hatten, dass heute nur die Minenausbildung anliegen würde. Tatsächlich ging es auch zurück in die Kaserne. Aber nicht wie wir dachten, sondern in einem sechs Kilometer Lauf. Wir wurden mit Worten wie „Wo kein Schnee liegt, kann gelaufen werden" und „Schneller, mehr Bewegung" oder auch „Was für ein lahmer Haufen" angetrieben. Unsere Uffze hatten gut reden, denn sie hatten keine Waffe und kein Gepäck zu tragen.

Als wir endlich in der Kaserne ankamen, natürlich mit gelegentlichen Einlagen wie Fliegeralarm oder ABC-Alarm waren wir mit Körper und Geist am Boden.

Am Abend auf der Stube mussten wir unser Bier mit beiden Händen festhalten, weil unsere Arme so schwer wie Blei wogen. Es war die Hölle. Dennoch denke ich auch heute noch gerne an diesen Tag zurück. Er brachte uns zusammen und ließ uns gegenseitig anfeuern.

Heute weiß ich, was unsere Uffze damit bezweckt hatten. Sie wollten aus uns eine Einheit schmieden. Und das war ihnen gelungen.

Eine weitere Begebenheit, die uns in Staunen versetzte, war, als wir an der Handflammpatrone ausgebildet wurden.

Dabei handelte es sich um eine Einwegwaffe, die aus einem Rohr (Patrone) besteht, an der ein Griff mit Abzug fest integriert war. Sie hatte eine Länge von 445 Millimeter und das Kaliber eine Länge von 35 Millimeter. Wenn man sie abschoss, hatte sie eine Reichweite von etwa 90 Metern und erzeugte eine Blend- und Brandwirkung. [aus Wikipedia]

Die Ausbildung daran bestand aus einer kurzen Erklärung und praktischem Üben.

Wir standen an einer Feuerlinie und hatten in circa 15 Metern Entfernung eine Betonmauer als Ziel. Man nahm die Handflammpatrone in die Hand, funktionierte das Griffstück ab und stellte die Waffe scharf.

Nun legte man als Rechtshänder seine linke Hand wegen des Rückschlages von oben auf die Patrone. Mit der rechten Hand drücket man den Abzug, worauf die Patrone aus dem Rohr flog. Wenn sie explodierte, bedeckten ihre Flammen eine Fläche von 15 Metern Breite und etwa 50 Metern Länge.

Natürlich hatten wir nur die Übungspatronen geschossen. Diese bestanden aus einem Kalkbeutel, der beim Auftreffen platzte. Dabei konnte man sehen, ob man sein Ziel getroffen hatte. Die ÜB-Patrone hatte eine geringere Reichweite, die um die 30 Meter betrug.

So war die Theorie. In der Praxis war der Rückschlag bei der ÜB-Patrone erträglich.

Wir schossen jeder zwei oder drei Mal und es machte sehr viel Spaß. Dann kam unser Oberleutnant und schoss ebenfalls. Das Interessante daran war, dass er eine Handflammpatrone in jede Hand nahm und diese gleichzeitig abschießen wollte. Die Patronen gingen durch den Rückschlag nach oben.

Das Lustige jedoch war, dass er zuerst die rechte Patrone zündete und zeitverzögert die linke. Das passierte, weil er sich erschreckte, als der erste Schuss zündete. Die linke drücke er erst ab, als sein Arm vor Schreck fast senkrecht nach oben zeigte, als das Geschoss losging. Und noch lustiger war es, als die Patrone, in diesem Fall der Kalkbeutel, genau zwischen unseren Unteroffizieren runterkam, die zusammenstanden.

Der Kalkbeutel platzte beim Auftreffen und unsere Uffze waren so weiß gepudert, als wenn sie in Mehl gebadet hätten. Wir konnten uns vor Lachen kaum noch halten.

Am Nachmittag war noch das Schießen mit der Granatpistole an der Reihe. Dieses hat ein Kaliber von 40 Millimeter. Da man die Waffe allerdings wie ein Gewehr in die Schulter zieht, war der Rückschlag nicht größer als beim G3. Wir schossen schließlich nur mit ÜB-Granaten. Also gab es wieder keine große Explosion, was irgendwie langweilig war.

Kapitel 9

Ausbildung zum Kommandanten auf Leo 1 A5

Irgendwann nach drei Monaten hatten wir den „Grünen Teil" der Unteroffiziersausbildung hinter uns. Endlich begann der Panzerteil und damit die Kommandantenausbildung. Wir hatten in der speziellen Grundausbildung schon das eine oder andere Mal die Gelegenheit gehabt, auf dem Kommandantenplatz zu sitzen und ein wenig „rumzuspielen". Aber nun sollte es ernster werden.

Wir bekamen eine genaue Einweisung in die Tätigkeiten eines Kommandanten. Die Schwierigkeit bestand nicht in der Bedienung der Steuerung oder des Beobachtungsperiskops des Kommandanten, sondern viel mehr in der Multitasking Fähigkeit, die man beherrschen musste. Man musste nicht nur das Gefechtsfeld beobachten, sondern auch dem Fahrer sagen, wo er lang zu fahren hatte, dem Ladeschützen anweisen, welche Munitionssorte er laden sollte, dem Richtschützen Ziele zuweisen und nebenbei auch noch den Funk bewältigen. Das alles zu erledigen, war am Anfang schwierig. Mit der Zeit und viel Übung fiel es einem aber immer leichter.

Wir übten zuerst mit stehendem Panzer in der Kaserne. Als Ziele hatten wir 5-Tonner LKW hingestellt und als Steigerung fuhren sie quer zu uns.

Nach vielen Stunden des Übens fuhren wir nach Wendisch-Ewern auf den Standortübungsplatz. Dort waren ebenfalls Scheiben aufgestellt, die wir anlaserten und fingiert beschossen. Als wir das einige Tage durchexerziert hatten, begannen wir mit dem Spähtrupp-Fahren. Dazu wurden immer drei Panzer zusammengefasst, und wir fuhren durch das Gelände. Dabei lernten wir, wie wir die Schatten der Bäume ausnutzten, wie wir an eine Höhe heranfuhren, ohne gesehen zu werden, und das taktische Vorgehen des Panzerzuges. Dazu blieb immer ein Panzer stehen und gab den anderen beiden Panzern Deckung. Das war eigentlich nicht notwendig, weil der Leopard auch während der Fahrt sicher treffen konnte.

Treffen konnte er deshalb während der Fahrt, weil er über eine Waffenstabilisierung verfügte. Auch einen sogenannten dynamischen Vorhalt fand an dem Panzer seinen Platz. Das heißt, man drückte einen Knopf und richtete sein Fadenkreuz auf den Gegner. Der eingebaute Computer berechnete danach die Geschwindigkeit des Gegners und stellte das Kanonenrohr in den richtigen Vorhalt. Dazu musste man zuerst bei der Inbetriebnahme des Panzers den RPP-Test machen. Das heißt: Rechnergesteuertes-Panzer-Prüfsystem.

Wir nannten das Mäusekino. Dazu drückte man ein paar Knöpfe und steuerte die Waffenanlage des Panzers nach einer schriftlichen Anleitung. Der Rechner justierte sich dabei und alles funktionierte reibungslos, wenn man keinen Fehler dabei machte und sich an die Anweisung hielt. Schließlich musste man noch einige Parameter einstellen. Dazu gehörten die Höhe über Normal-Null, die Außentemperatut und die Pulvertemperatur der Munition. Im Endeffekt ging man mit einem Panzer beim Aufklären genauso vor, wie wenn man zu Fuß unterwegs war und nicht entdeckt werden wollte.

Interessant war es, wenn man das Heranfahren an eine Höhe übte. Dazu stellte sich der Kommandant auf den Turm des Panzers und beobachtete, während man den Berg hochfuhr, durch sein Fernglas (in der Bundeswehr „DF“ für Doppelfernglas genannt) die Landschaft. Sobald man über die Kuppe sehen konnte, ließ er den Panzer halten und beobachtete das „vor ihm liegende Gelände“. War dieses feindfrei, konnte der Richtschütze übernehmen und ließ den Panzer so weit vorfahren, bis er mit seiner Optik ebenfalls über die Kuppe schauen konnte. Auf diese Weise wurde gewährleistet, dass wir nicht mehr als nötig vom Panzer offenbarten und dennoch feuern konnten, ohne in den Dreck zu schießen.

Wir übten es etliche Tage und wurden immer besser.

Zum Abschluss dieses Ausbildungsteiles blieben wir zwei Nächte auf dem Übungsplatz und schliefen draußen in und auf unseren Panzern. Wenn man überhaupt von schlafen sprechen konnte.

Die erste Nacht fuhren wir Spähtrupps. Aber das war außer der Müdigkeit kein großes Problem, da der Leopard 1 A5 über ein Wärmebildgerät verfügt, mit dem man auch nachts wunderbar sehen konnte. Der Fahrer und der Kommandant hatten zusätzlich ein BIF-Gerät. Das war ein Restlichtaufheller, womit man auch bei sehr dunkler Nacht gut sehen konnte. Dies war meistens in einer

Grünschleier, aber es war dennoch gut genug, um nicht irgendwo in einen Baum zu knallen.

Am nächsten Tag übten wir weiter. Zielübungen, Spähtrupp-Fahren und auch Heranfahren an eine Höhe.

In der zweiten Nacht, wir versuchten am Tage etwas zu schlafen, oder wenn es möglich war und wir Pause hatten, brachte unser Spieß etwas Bier zu uns. Damals war das noch möglich, da man auch mit Alkohol versorgt wurde. Heutzutage denke ich, wird das nicht mehr gemacht. Aber ich vermute, dass heute die Soldaten Mittel und Wege gefunden haben, sich das eine oder andere Bier zu genehmigen.

Wir hatten immer eine Flasche Whiskey im Munitionsbehälter für unser Blenden-MG, wie eine Palette Dosencola in der Filteranlage der ABC-Schutzbelüftung. Waren dort keine Filter vorhanden, passten genau zwei Paletten in die Anlage. Schaltete man die Belüftung ein, waren die Getränke immer kühl. Statt Cola konnte man dort natürlich auch Büchsenbier kühlen.

Ach ja, wo wir gerade dabei sind. Ein Blenden-MG ist ein Maschinengewehr MG3, das an der Bordkanone befestigt war und ebenfalls durch den Richtschützen abgefeuert wird. Es bewegte sich im gleichen Maße wie die Kanone und wird über die Richtschützenoptik ausgerichtet. In den Mun-Kasten passen 1.000 Schuss gegurtete Munition. Also auch immer genug Schnaps, wenn keine Munition dadrinnen ist.

Außerdem hatten wir zwei Uzi-Maschinenpistolen mit je 120 Schuss 9mmx19 dabei, sowie zwei Pistolen P1 mit je 16 Schuss für Fahrer und Kommandant und zwei Maschinengewehre MG3 mit gesamt 5.500 Schuss. Eines als Blenden-MG, eines als Fliegerabwehr-MG auf dem Turm, die im Normalfall durch den Ladeschützen zu bedienen war. Dazu noch 16 Nebelgranaten, die von innen aus dem Panzer verschossen werden konnten. Die wurden zum Einnebeln bei Rückzug nach Feindkontakt genutzt. Und dann natürlich unsere Bordkanone mit Kaliber 105 Millimeter. Dafür hatten wir 55 Schuss Munition dabei.

So kam die zweite Nacht auf dem Übungsplatz.

Wir tranken das eine oder andere Bier. Natürlich hat Spieß nur zwei kleine Flaschen für jeden rausgebracht. Schließlich hatten wir Waffen dabei, wenn auch ohne Munition. Aber wir hatten auch noch unseren guten, alten Whiskey. Kurz gesagt, wir waren ziemlich angetrunken, als einer meiner Kameraden meinen Zugführer Feldwebel K. fragte, ob er mal selber den Panzer fahren dürfte.

Da mein Feldwebel ziemlich betrunken war, bejahte er die Frage und so kam es, dass auch ich meine erste Fahrt als Fahrer im Leopard 1 machen konnte. Die Schwierigkeit lag eigentlich nicht in der Bedienung des Panzers. Er hatte schließlich eine Halbautomatik-Schaltung. Aber es war Nacht, wir mussten unter BIF als Restlichtverstärker fahren und waren betrunken. Aber egal, wir waren nur auf dem Übungsplatz. Dort fahren außer Bundeswehrfahrzeugen keine Autos. Also ging es los.

Mein Kamerad fuhr als erster und setzte auch ziemlich schnell auf einem Findling auf, weil er den Weg verfehlte. Anscheinend war es doch nicht so einfach, einen 55 Tonnen-Kettenpanzer zu steuern. Es funkte ein wenig, aber es ging nichts kaputt.

Danach war ich mit dem Fahren an der Reihe und ich fuhr langsam los. Schnell hatte ich mich an das Steuern gewöhnt und es machte einen Heidenspaß, den Panzer zu fahren. Während ich fuhr, meinte mein betrunkener Feldwebel, der auf der Kommandantenseite saß, dass der Panzer auch fliegen konnte. Wir lachten in unserem Suff und forderten ihn auf, uns das zu beweisen. Er ließ mich anhalten und wir tauschten die Plätze.

Er fuhr los und ich sagte noch: „55 Tonnen können nicht fliegen." Ich wusste zu diesem Zeitpunkt noch nicht, was er vorhatte.

Ich war in meiner Sache so sicher, dass ich dem Feldwebel eine Wette vorschlug. Wir wetteten um eine Kiste Bier. Er sagte, der Panzer könne fliegen, ich sagte er könne es nicht.

Hätte ich nicht so viel getrunken, hätte ich nachgedacht und niemals gewettet.

Mein Feldwebel fuhr immer schneller und schneller und steuerte eine kleine Anhöhe hoch. Dann rief er: „Festhalten!"

Wir flogen über die kleine Anhöhe. Als wir aufkamen, schlug die Wanne so durch, dass es mich fast aus dem Turm geworfen hätte.

Über Sprechfunk hörte ich meinen Feldwebel sagen: „Und er fliegt doch."

Damit hatte ich eine Kiste Bier verloren.

Wir fuhren wieder in unser Lager und legten uns schlafen. Aber nicht ohne den Rest vom Whiskey zu trinken.

Am nächsten Morgen und nach dem Frühstück, natürlich gefechtsmäßige Einnahme, also Pickpott, fuhren wir an die Stelle zurück, an der wir mit unserem Panzer geflogen waren.

Wir schauten uns an, wie weit es war. Anhand der wiedereinsetzenden Panzerkettenspuren stellten wir fest, dass wir fast zehn Meter geflogen waren. Mein Feldwebel grinste mich an und sagte: „Heute Abend, nach dem Dienst eine Kiste Flensburger." Die sollte er haben.

Panzerschießbahn Baumholder

Leopard 1 A5 mit Panzermunition

Kapitel 10

Wie wir 500.000 DM Schaden verursachten

Es geschah bei der Unteroffizierausbildung im speziellen Teil, also der Panzer- und Spähtrupp Ausbildung. Was da passierte, ist schnell erklärt. Die Nachgeschichte hat uns aber doch ein wenig erstaunt.

Wir fuhren Spähtrupp mit unserem Panzer. Ich war als Richtschütze eingeteilt und ein Kamerad, der auch zum Unteroffizier ausgebildet wurde, war unser Kommandant. Unser Feldwebel war als Ladeschütze eingeteilt. Das aus dem Grund, weil er als Ladeschütze aus dem Turm herausschauen und seine ganze Aufmerksamkeit auf den Kommandanten legen konnte, der zeigen sollte, was er gelernt hatte. Wir fuhren mit etwa 20 Stundenkilometern durch das Gelände, als wir von der linken Seite MG-Feuer bekamen. Ich schwenkte den Turm herum, weil mein Kommandant mir über BV (Bordsprechfunk) sagte, dass der Feind auf 09:00 Uhr sei.

Bei der Bundeswehr und den meisten anderen Armeen wird die Richtung in Uhrzeiten angegeben. 12.00 Uhr ist in Fahrtrichtung. 03:00 Uhr ist rechts, 06:00 Uhr ist hinten und 09:00 Uhr ist demnach links.

Ich schwenkte also den Turm nach links. Plötzlich bekamen wir Feuer von rechts.

Bevor ich reagieren konnte, übersteuerte mich mein Kommandant und ich konnte den Turm nicht selbstständig ausrichten.

Das geschah, weil er als Kommandant eine Taste an seinem Joystick drückte und dadurch die Turmsteuerung übernahm.

Er übersteuerte mich und drehte den Turm nach rechts, indem er ihn über das Heck drehte. Was er nicht sah: Dass wir mittlerweile mit etwa 40 Stundenkilometern unterwegs waren, da man bei Gegenfeuer versuchte, so schnell wie es ging, aus dem Gefahrenbereich zu kommen. Und er sah die große Birke nicht, die rechts von uns stand.

Das Drehen des Turmes und die Geschwindigkeit sorgten dafür, dass unser Kanonenrohr brachial gegen die Birke knallte. Ich sah plötzlich nur noch den Himmel in meiner Optik und konnte den Turm immer noch nicht drehen.

Ich dachte, mein Kommandant übersteuerte mich noch immer, aber das war es nicht. Der Turm ließ sich nicht mehr bewegen.

Der Fahrer hielt an und mein Feldwebel auf der Ladeschützenseite übernahm das Kommando. Er sagte, ich solle den Turm nicht mit der Hydraulik, sondern mit dem Handrad drehen. Aber auch das ging nicht. Er war komplett verkeilt.

Wir beschlossen, dass wir die Innenverkleidung abschraubten. Ich stellte fest, dass zwei Zähne des Turmdrehkranzes herausgebrochen waren. Einen davon hatte ich als Andenken behalten und der liegt bei mir daheim auf der Kommode.

Nachdem ich die beiden Zähne mit den Fingern aus dem Turmdrehkranz gepuhlt hatte, konnte ich den Turm wenigstens mit dem Handrad so weit drehen, dass er auf Position 05:00 Uhr stand. So konnten wir in Richtung Abstellplatz fahren.

Auf dem Abstellplatz schauten wir, was alles zerstört worden war. Wir konnten aber nur feststellen, dass es den Turmdrehkranz erwischt hatte.

Richtschützenplatz

Unser Feldwebel dankte unserem Kommandanten, auch ein Gefreiter UA (Unteroffiziersanwärter), für seine Tat. Das natürlich sarkastisch. Er hatte deswegen einen langen Bericht zu schreiben.

Unser Panzer wurde mit einem Transporter in die Instandsetzung in unsere Kaserne gefahren. Nach ein paar Tagen bekamen wir das Ergebnis unseres Abenteuers.

Der Turmdrehkranz war kaputt und musste komplett ausgewechselt werden. Die Rohrwärmeschutzhülle war gebrochen und das Kanonenrohr war verzogen. Das konnte man zum Glück später wieder richten. Dennoch hatten wir Pech, denn unsere kleine Unaufmerksamkeit hatte der Bundesrepublik Deutschland einen Schaden von 500.000 DM beschert. Also etwa 250.000 Euro.

Wir staunten über das, was danach geschah. Wir rechneten damit, dass unsere Karriere bei der Bundeswehr damit beendet sein und wir vom Lehrgang als untauglich abgelöst werden würden.

Aber weit gefehlt. Alles, was passierte war, eine kurze Anhörung. Es wurde sich geeinigt, dass weder ich als Richtschütze noch der Kraftfahrer oder der Kommandant eine Schuld zugewiesen bekamen. Es wurde als normaler Übungsunfall dargestellt und der Staat trug die Kosten, ohne uns einen Teil der Kosten aufzudrücken. Auch wurden wir weder vom Lehrgang abgelöst oder sonst bestraft. Dies hatten wir sicherlich dem ausführlichen Bericht unseres Feldwebels zu verdanken.

Kapitel 11

Wie ich zu meiner Narbe an der Stirn kam

Wie waren wieder draußen auf dem Übungsgelände, um Spähtrupp-Fahren zu üben. Am Morgen war ich als Kommandant eingesetzt und es lief gut. Das war aber auch nicht schwer, weil wir die Dinge schon oft geübt hatten.

Nach dem Mittag aus dem Pickpott musste ich erst als Ladeschütze fungieren und danach als Richtschütze. Als solcher sitzt man unten im Panzer vor dem Kommandanten und beobachtet durch seine Visieroptik, das Hauptzielfernrohr EMES 15, die Landschaft. Wir fuhren durch das Gelände und ich achtete darauf, dass ich möglichst jede Bewegung des Panzers ausglich.

Ich versuchte, immer an der Stirnpolsterung der Optik zu bleiben, um stetig alles sehen zu können und Gefechtsfeldaufklärung zu betreiben. Das Gelände wurde schwerer und als unser Panzer zu schnell durch ein Loch fuhr, passierte es.

Zuerst aber: Wie fuhr man einen Panzer?

Man nahm bei der Einfahrt in eine Bodenwelle das Gas weg und ließ den Panzer hinein rollen. Erst am Scheitelpunkt gab man wieder Gas. Dann schlug die Wanne nicht durch und es war ein halbwegs sicheres und bequemes Fahren. Gab man allerdings Vollgas, konnte der Panzer etwas abheben und man knallte in das Loch. Das konnte man als Richtschütze nicht ausgleichen, weshalb die Stirn die Polsterung verließ. Das Problem dabei war, dass man schnell wieder an die Stirnpolsterung heranmusste, um Verletzungen zu vermeiden.

Dies gelang mir aber nicht. Bevor ich nach der Durchfahrt des ersten Loches wieder an der Stirnpolsterung war, knallte der Fahrer mit dem Panzer schon in das nächste Loch. Nun wirkte die Fliehkraft. Mein Kopf schleuderte nach vorne und ich schlug mit der Stirn gegen die Einblickokulare meines EMES 15.

Das Ergebnis war eine tiefe Platzwunde an der Stirn, die sehr stark blutete. Durch den Schlag war die geplatzte Stelle wie betäubt und schmerzte nicht. Ich merkte erst, dass etwas nicht stimmte, als mir das Blut in die Augen lief und meine Panzerkombi rötlich verfärbt war.

Ich meldete meinem Kommandanten über die Bordverbindung (BV), dass ich blutete.

Er reagierte aber nicht wie erhofft, sondern sagte: „Kann nicht so schlimm sein."

Da der Kommandant hinter dem Richtschützen etwas erhöht saß, stieß ich ihn an und legte meinen Kopf in den Nacken, um ihm zu zeigen, wie stark ich blutete.

Er erschrak und rief in die BV: „Panzer halt!"

Daraufhin trat der Fahrer volles Programm in die Bremse, wie er es gelernt hatte. Denn hieß es „Panzer halt" war es eine Vollbremsung. Nur bei „Panzer anhalten" wird sanft gebremst.

Ich schlug erneut gegen die Optik und blutete dadurch noch heftiger.

Als wir standen, sprang mein Kommandant, mein Feldwebel, aus dem Turm half mir ebenfalls heraus und hob den Fahrer durch die Fahrerluke, nachdem dieser die Luke geöffnet hatte, aus seinem Fahrersitz und schrie ihn an: „Schau, was du für eine Scheiße gemacht hast!"

Der war natürlich geschockt, als er mich auf dem Heck des Panzers sitzen sah, und registrierte, wie stark ich blutete. Sofort wurde mir eine Kompresse auf die Wunde gepresst und der Sani gerufen.

Als der anwesend war, hatte die starke Blutung aufgehört und er sah sich die Wunde an. Er beschloss, dass es genäht werden musste.

Also wurde ich in die Kaserne gefahren und sofort zum Arzt gebracht. Der besah sich die Wunde und stellte ebenfalls fest, dass genäht werden musste.

Ich durfte mir die Wunde sogar im Spiegel ansehen, fand sie aber nicht sehr schlimm. Jedenfalls hätte man anhand des viele Blutes auf meiner Kombi etwas Größeres erwartet. Es waren aber nur 1,5 bis zwei Zentimeter Länge.

Ich musste mich auf die Behandlungsliege legen und sollte genäht werden.

Der Arzt fragte, ob ich starke Schmerzen habe. Das verneinte ich und sagte: „Eigentlich spüre ich an der Stirn nichts."

Daraufhin sagte er: „Na, dann geht es ohne Betäubung."

Panik kroch in mir hoch und ich meinte: „Lieber doch eine Betäubung!"

Aber der Arzt erwiderte: „Wenn Sie keine Schmerzen haben, ist das unnötig, da sie nichts spüren. Außerdem ist das Ganze mit drei Stichen erledigt."

Ich fügte mich mit Unwohlsein und ich spürte tatsächlich keinen Schmerz, nur das leichte Ziehen beim Anziehen der Fäden. Danach wurde ich mit meiner genähten Platzwunde und einer vermuteten, leichten Gehirnerschütterung auf meine Stube gebracht und hatte drei Tage Bettruhe. Zum Glück war erst Dienstag und ich hoffte, dass ich am Wochenende nach Hause fahren konnte, was auch funktionierte.

Und so kam es, dass ich eine bleibende Erinnerung an meine Unteroffiziersausbildung habe. 28 Jahre danach sieht man nichts von der Narbe, wenn man nicht weiß, wo sie sich verbirgt. Nun bin ich 51 Jahre alt, weshalb die eine oder andere Falte meine Stirn ziert. Die Narbe befindet sich links über der Nasenwurzel, was mich aber nie behindert hat.

Leopard 1 A5 auf der Platte vorm Schießen

Kapitel 12

Die Abschlussfeier des U-Lehrgangs

Die sechs Monate Unteroffiziersausbildung verliefen schnell und alle hatten den Prüfungen den Lehrgang bestanden. Aber befördert wurden wir noch nicht. Wir hatten unsere zwölf Monate noch nicht beendet und eine Beförderung zum Unteroffizier war erst nach einem Jahr Dienstzeit möglich.

Also bekamen wir zu unseren Gefreiter-Unteroffiziersanwärter-Schulterstücken die sogenannte mbL-Litze. Das war ein etwa fünf Millimeter breites, bronzefarbenes Stoffband, das auf die Schulterklappe gezogen wurde.

Die Beförderung sollte im Heimatstandort durchgeführt werden. Was vor uns lag, war noch die Abschlussfeier und ein dreiwöchiger Urlaub, den ich mit einem meiner Kameraden in der Karibik verbringen wollte. Zu unserer Abschlussfeier hatten wir eine Schlauchbootfahrt mit Stationen auf der Luhe geplant. Oder besser gesagt: Das hatten unsere Vorgesetzten geplant.

Die Luhe ist ein kleiner Fluss von etwa drei bis sechs Metern Breite und einer maximalen Wassertiefe von 1,50 Metern. Jedenfalls an der Stelle, wo wir sie befuhren.

Wir bekamen drei oder vier kleine Bundeswehrschlauchboote, sowie ein großes Schlauchboot. In die kleinen Boote passten vier Kameraden, in das große acht Kameraden.

Wir starteten mit drei Minuten Abstand. Unterwegs, auf der etwa sechs Kilometer langen Strecke, mussten wir immer wieder ans Ufer und Aufgaben erfüllen.

Dort bewältigten wir eine Sanitätslage (eine stark alkoholisierte Person versorgen), oder das Luftgewehrschießen, wie das mit Dartpfeilen auf Luftballons zielen.

Das Schöne an der Sache war, dass wir pro Mann zwei kleine Flaschen Bier mit an Bord bekamen. Noch mehr Bier konnte man unterwegs an den Stationen gewinnen.

Wie dem auch sei, je mehr Stationen kamen, umso betrunkener wurden wir. Es ging sogar so weit, dass wir um eine Kurve kamen und das große Schlauchboot quer über dem Flüsschen stand und die Besatzung von diesem auf unser kleines Schlauchboot sprang, um uns unseren Biervorrat zu stehlen.

GUA Trube in der Bildmitte

Schlauchbootfahrt auf der Luhe

Wir hatten keine Chance und kenterten mit unserem Boot, sodass die ganzen Bierflaschen munter die Luhe heruntertrieben. Wir mussten schwimmen, um diese wieder einzufangen. An das Umdrehen unseres Bootes dachte in dem Moment keiner.

Dann kamen wir an ein kleines Wehr und wir fuhren mit unserem Schlauchboot an ihr runter. Das klappte gut, aber als das große Boot dasselbe machte, setzte es auf und die Besatzung, die noch einigermaßen trocken war, ging baden. Wir konnten uns vor Lachen nicht mehr einkriegen.

Irgendwann erreichten wir unseren Endpunkt, einen kleinen Grillplatz. Dort hatten die Stammkräfte bereits den Grill angeschmissen. Außerdem gab es noch mehr Bier.

Auch war der einzige Kamerad schon anwesend, der nicht an der Bootstour teilnahm, weil er eigentlich außendienstbefreit war, aufgrund einer ziemlich starken Erkältung.

Außendienstbefreit heißt, dass er keinerlei Dienst außerhalb eines Gebäudes machen durfte.

Da unsere Bootsfahrt in der Dienstzeit stattfand und draußen war, war er leider ausgeschlossen. Komischerweise durfte er aber mit uns Alkohol trinken. Als er uns nass wie die jungen Füchse sah, lachte er sich fast kaputt.

Unser Oberleutnant, der die Tour mitmachte, sagte, das gehe ja gar nicht, dass der Kamerad trocken sei, wenn doch alle anderen nass waren. Wir überlegten nicht lange und schnappten uns den Kameraden und schmissen ihn mit dem Kopf voran in die Luhe.

Zwangsbad eines GUA

Als er wieder auftauchte, war er patschnass und der Oberleutnant sagte: „Gleiches Recht für alle."

Wir aßen ein paar Steaks und Würstchen und tranken eine Menge Bier, bis uns 2-Tonner in die Kaserne zurückbrachten. Ich weiß gar nicht mehr, wie spät es genau war, aber es war lange dunkel. Da es Sommer war, nehme ich an, dass es schon nach Mitternacht war. Die Nacht war jedenfalls sehr kurz.

Am nächsten Morgen war Antreten und leichter Dienst in Form von Stubenreinigen.

Das war auch gut so, denn die meisten von uns waren noch nicht nüchtern und so legten wir uns nach der Befehlsausgabe wieder in die Betten, um unseren Rausch bis zum Mittag auszuschlafen. Inklusive unserer Vorgesetzten.

Kapitel 13

Beförderung zum Unteroffizier und Uffz-Aufnahme im Unteroffizierskorps der Kompanie

Am 1. Oktober 1991 war es so weit und wir wurden morgens beim Antreten vor der Kompanie zu Unteroffizieren und Fahnenjunkern befördert. Das gestaltete sich so, dass wir einzeln aufgerufen wurden und vor die Kompanie treten mussten. Nach der obligatorischen Meldung beim Kompaniechef Hauptmann E. wurde die gesamte Kompanie ins Stillgestanden befohlen. Der Chef und unser jeweiliger Zugführer stülpten uns unsere neuen Unteroffiziersschulterstücke auf die Schulterklappen. Nachdem das vollzogen war, schlugen beide gleichzeitig fest auf unsere Schultern und „festigten" somit unseren neuen Dienstgrad. Das ist Tradition und wir gingen durch den Schlag mächtig in die Knie.

Als wir alle befördert waren und so vor der Kompanie standen, rief unser Chef: „Auf die frisch beförderten Kameraden ein dreifach kräftiges Horrido!"

Die Kompanie antwortete mit „Joho!" Das Ganze geschah dreimal.

Damit war der erste Schritt als Unteroffizier getan. Nun waren wir nur noch einen Schritt davon entfernt, unsere Pausen im Unteroffizierskorps der Kompanie verbringen zu dürfen. Dieser letzte Schritt sollte abends bei einer kleinen Feier, die man Unteroffiziersaufnahme nannte, vollzogen werden. Das würde eine lustige Veranstaltung werden, jedenfalls für die älteren Unteroffiziere.

In der darauffolgenden Mittagspause durften wir unsere Pause noch nicht in dem geheiligten Raum verbringen. Als der Abend kam, waren wir aufgeregt, was nun folgen würde. Wir hatten zwar Einiges gehört, aber dass es so hart werden würde, ahnten wir nicht.

Dann war es so weit und wir fünf oder sechs „Neuen" wurden von unserem, ich glaube, es war unser Versorgungsunteroffizier (VU), im Kampfanzug in den Raum geführt. Dieser war eingerichtet wie eine Kneipe mit Tischen und Theke.

Wir mussten uns in einer Reihe aufstellen und wurden gefragt, ob wir die gesamte Mannausrüstung, die man ohne Gepäck bei sich haben musste, auch dabeihätten. Wir waren schließlich in Kampfuniform angetreten.

Als Erstes wurde gefragt, ob wir unser Verbandpäckchen „am Mann“ hätten. Das musste, glaube ich, in der linken Beintasche getragen werden. Wer es nicht dabei oder an einer anderen Stelle deponiert hatte, bekam einen Schnaps. Wir konnten zwischen Doppelkorn und Weinbrand wählen. Dabei hatte es einige von uns erwischt.

Danach ging es mit der ABC-Karte, dem Kamm und auch der Signalpfeife weiter, bis alles abgefragt wurde. Wie hatten wir natürlich nicht alles dabei und so bekamen wir einen Schnaps nach dem anderen. Als Letztes wurde gefragt, ob wir 20 Pfennige dabeihätten. Die hatte selbstredend keiner dabei und so mussten wir alle trinken. Die 20 Pfennige dienten dazu, dass wir im Ernstfall mittels Telefonzelle unsere Kompanie anrufen konnten.

Darauf folgte ein Spiel, bei dem wir eine Rundumkennleuchte auf den Helm gesetzt bekamen, die wir normalerweise immer beim Marschieren im Zugrahmen an öffentlichen Straßen tragen mussten, um im Dunkeln gesehen zu werden. Dazu bekam jeweils der erste vorne links und der letzte hinten links eine Leuchte auf den Helm.

Nun standen wir mit unseren Kennlampen auf dem Helm im Raum und wurden mit Fragen bombardiert. Glaubte man, die Antwort zu wissen, musste man die Rundumkennleuchte einschalten. Natürlich ohne den Gefechtshelm vom Kopf zu nehmen und dabei antworten.

War die Antwort richtig, mussten alle anderen einen Schnaps trinken. War sie falsch, musste man selber einen Schnaps trinken. Natürlich nur die neuen Uffze. Die Alten lachten und tranken ganz normales Bier.

Das Lustigste war, dass wir nach einer Landeshauptstadt mit vier T gefragt wurden.

Das wäre Stuttgart gewesen. Aber mein Kamerad, ich glaube es war Graf, antwortete Hamburg. Daraufhin musste er vier Schnaps trinken. Für jedes T einen.

Es war bemerkenswert, dass unser Spieß uns die Möglichkeit gab, auch Milch, Kakao oder Bier zu trinken. Jeweils ein 0,3 Bierglas voll. Einige, auch ich, machten davon Gebrauch, weil wir wenigstens noch etwas von dem Abend haben wollten.

Was wir nicht wussten, war, dass diese Getränke ebenfalls mit Schnaps versetzt waren. Aber das schmeckten wir zu diesem Zeitpunkt gar nicht mehr.

Zum Abschluss, als wir alle fünf oder sechs Mann richtig abgefüllt waren, bekamen wir den obligatorischen Aufklärer-Trunk. Dieser bestand aus einen 0,5 Liter-Tonkrug, der mit allem gefüllt war, was in der „Bar“ zu finden war. Also alle möglichen Schnäpse und Biere mit Gewürzen gemischt und im Anschluss eine ganze Zwiebel. Diesen mussten wir austrinken und danach die Zwiebel essen. Es war ekelhaft, aber wir tranken es aus.

Danach mussten wir uns hinknien und Spieß schlug uns mit einem Säbel auf beide Schultern. Unsere Taufpaten standen hinter uns und zerschlugen ein Ei auf unserem Kopf. Dabei hatten wir, wen wundert es, keinen Gefechtshelm auf dem Kopf. Es hätte schließlich keine Sauerei in den Haaren gegeben.

Zum Abschluss wurden wir in unserer ganzen Ausrüstung und Tarnschminke in die Dusche geführt und sahen unter jedem Duschkopf einen Stuhl mit einer 0,5 Flasche Bier darauf. Wir mussten das Bier nehmen und uns setzten. Dann wurde die Dusche angestellt und wir durften erst wieder weg, wenn das Bier ausgetrunken war. Es war ein Heidenspaß, zumindest für die „Alten“, die an der Tortur unter dem kalten Wasserstrahl nicht teilnehmen durften.

Danach durften wir auf unsere Stuben zurückkehren und konnten uns trockene Sachen anziehen. Natürlich durften wir noch nicht in unsere Betten, wir mussten wieder zurück in den Uffz-Raum. Dort ging bis in den morgen das Saufen weiter. Das war bei den Aufklärern Tradition und es ist auch bei anderen Einheiten eine Tradition. Wenn man heute in den Zeitungen liest, dass bei der Bundeswehr „Menschenunwürdige Spiele“ gemacht werden, weil jemand, der in das Uffz-Korps aufgenommen wird, und sich beschwert, kann ich nur sagen: „Was für Weicheier.“ Sicherlich soll es im Rahmen bleiben, aber die Unteroffiziere, die sich beschweren, sind meistens die, die von anderen Kameraden noch schlimmere Dinge verlangen.

Es ist Tradition und in einem gewissen Rahmen sollte man diese auch pflegen. Wer das nicht vertragen kann, sollte sich überlegen, sich nicht als Unteroffizier zu verpflichten.

Aber das ist nur meine Meinung, die ja wohl gesagt werden darf.

Den darauffolgenden Morgen wurden wir erst um 08:00 Uhr geweckt und brauchten nur leichten Dienst verrichten. Ich glaube, ich habe mir in der Nacht, wie die meisten anderen, die Seele aus dem Hals gekotzt.

Danach wurden wir für drei Monate in die Ausbildungskompanie gegenüber versetzt. Dort wurde nur Grundausbildung betrieben. Nicht anders als in meiner eigenen, mit dem Unterschied, dass ich der Ausbilder war. Deshalb gehe ich darauf nicht weiter ein.

Aber eins möchte ich erwähnen: Unsere Unteroffizierskollegen, die gerade mit ihrem Lehrgang fertig waren, wurden eine Woche nach uns ins Unteroffizierkorps aufgenommen. Wir waren dabei, und zwar nicht als Schnapsabladeplatz, sondern wir saßen am Tisch, tranken in Ruhe unser Bier und schauten uns das Schauspiel an.

Die Aufnahme war eigentlich nicht anders als bei uns. Aber aus einem anderen Blickwinkel zu erleben, war nochmal etwas anderes. Nämlich aus dem Blickwinkel der Nüchternheit.

Was ich interessant fand, war, wie es ein stinkbesoffener Soldat schaffen konnte, sich in einem geschlossenen Schlafsack die Kampfuniform auszuziehen und danach im Schlafsack den Sportanzug anzuziehen. Das war schon erstaunlich.

Den obligatorischen Aufklärer-Trunk durften die Kameraden natürlich auch zu sich nehmen. Einer bat darum, das Trinken am offenen Fenster zu tun, da er so betrunken war, dass er befürchtete, kotzen zu müssen. Was er auch tat. Aber er trank nach dem Übergeben tapfer weiter, bis der Krug geleert war.

Im Nachhinein war es vielleicht doch etwas menschenunwürdig, aber es war genauso lustig.

Kapitel 14

Abordnung zur Ausbildungskompanie (AK)

Nachdem ich vom Unteroffizierslehrgang zurückkam und mich in meiner Stammkompanie der 3.PzAufklBtl 2 (3. Panzeraufklärungsbataillon 2) meldete, sagte mein Kompaniechef zu meinem Kameraden und mir, dass wir in unserer Kompanie ein Leerquartal hätten und darum für drei Monate in die Ausbildungskompanie (AK) wechseln müssten. Das war das vierte Quartal 1991.

Die AK machte nur die Grundausbildung. Also alle drei Monate kamen neue Rekruten. Dies war auch der Unterschied zu den Kampfkompanien. Bei uns war es so, dass wir von den 30 Mann pro Zug, in unserem Fall der 2. Zug, die zehn Besten raussuchten und diese bei uns behielten. Die anderen 20 Rekruten wurden nach der Grundausbildung in andere Einheiten versetzt. Unser Chef meinte zu uns, wir sollten die drei Monate als Übung sehen und Erfahrungen in der Ausbildung sammeln, um in unserer Stammeinheit, also seiner Kompanie, diese Erfahrungen einsetzen und dadurch seine Männer ordentlich ausbilden zu können.

Wir meldeten uns daraufhin in der AK. Unser „neuer" Chef, ein Hauptmann, begrüßte uns. Er ließ uns vom Spieß in die Züge einteilen. Damit war, bis auf den Umzug mit unserer Ausrüstung, der erste Tag erledigt. Am nächsten Tag kamen die neuen Rekruten.

Wir gingen mit unseren Gruppen, nachdem alle vollzählig waren, zur Bekleidungskammer, zum Arzt und wiesen ihnen ihre Stuben zu, stellten uns vor und begannen mit der Ausbildung. Die Einweisung war nicht anders als bei unserer eigenen Grundausbildung. Also viel Laufen, Marschieren, zum Essen bringen, Grundlagen des Gefechtsdienstes und Waffenkunde.

Was die Grundlagen des Gefechtsdienstes anging, handelte es sich auch darum, wie der Soldat sich im Gelände zu verhalten hatte, wie er sich tarnte und sich bewegte. So gab es verschiedene Arten, sich im Gelände zu bewegen. Einerseits aufrecht, also normal gehend. Natürlich unter Ausnutzung von Deckung. Geduckte Fortbewegung, dabei kroch man wie ein kleines Kind auf den Knien durch das Gelände. Oder das Gleiten. Dabei bewegte man sich auf der Erde und schob sich mit Hilfe der Unterarme und mit den Beinen vorwärts. Dazu zog man ein Bein an und drückte sich vor.

So kam der erste Tag des Gefechtsdienstes auf unserem Übungsplatz. Wir hatten von unserem VU (Versorgungsunteroffizier) aus unserer Stammeinheit den Auftrag bekommen, ein wenig Material zu „organisieren". Zuerst wussten wir nicht, was er damit meinte und fragten nach.

Er sagte frei heraus, dass es in den Kampfeinheiten schwierig sei, genug Ausbildungsmaterial wie Platzpatronen für die Waffen, hier vornehmlich für das G3, DM 54 (elektrisch gezündete Granate) oder auch Stilgranaten zu gelangen. Aber auch Bodenleuchtkörper, die in der Regel über Stolperdraht gezündet wurden, waren schwer zu erlangen.

Dies konnte man in der AK anfordern, ohne einer Mengenbeschränkung zu unterliegen. Also machten wir Gebrauch von der Möglichkeit, diese Dinge zu bestellen. Einfach gesagt, wir bestellten alles in doppelter Anzahl und brachten das, was zu viel war, in unserer Stammeinheit in den Keller.

Allerdings nicht so, wie es unser VU beabsichtigt hatte. Nein, wir legten uns auch einen eigenen Vorrat an, von dem der VU nichts wusste. So kam es, dass ich auch an Sylvester sehr gut ausgestattet war, wie auch mit großen Stilgranaten, die mit drei Gramm TNT gefüllt waren und einen Riesenkrach machten.

Wir hatten für die Feuerkämpfe genug ÜB-Munition und konnten unseren eigenen Rekruten später auch genug Munition für ihre Gewehre geben, damit sie nicht mit zehn Schuss pro Mann nach einem geführten Feuerkampf „Peng, Peng" rufen mussten.

Es war traurig, aber so lief es. Es wurde und wird viel Geld ausgegeben, aber die Soldaten müssen „Peng, Peng" rufen, weil es an der Übungsmunition mangelte und, so denke ich, auch heute noch fehlt.

Als die Grundausbildung zur Hälfte vorüber war, hatten wir unser erstes Biwak. Das hieß, wir schliefen draußen im Gelände. Die Rekruten in ihren „Dackelgaragen", also in ihren Zweimannzelten. Es hatte jeder Soldat eine Zeltplane, die man mit seinem Kameraden zusammenknüpfen konnte. Wir, in den höheren Dienstgraden, hatten jedoch komfortable Acht-Mann-Zelte. Jedenfalls war es in den ersten beiden Nächten so.

In der dritten Nacht waren wir Uffze unsere Zelte los und mussten mit unseren Rekruten neue Biwak-Räume beziehen. Also lagen wir nicht mehr im Zugrahmen zusammen, sondern getrennt und nach Gruppen im Wald verteilt. Das wurde deshalb so gemacht, weil wir uns nachts gegenseitig angreifen sollten.

Ich gab meinen Soldaten natürlich den Auftrag, unser Gruppennest gegen Angriffe abzusichern. Eigentlich meinte ich damit, einen Alarmposten aufzustellen, der in der Regel das MG3 in Stellung hatte. Aber meine Soldaten hatten eine Menge gelernt und legten Sprengfallen und Bodenleuchtkörper rings um unser Gruppennest an. Material hatten wir schließlich genug.

Als sie jedoch anfingen, S-Rollendraht in drei Höhen zu spannen, schritt ich ein und verbot dieses wegen Verletzungsgefahr. Sie spannten die S-Rollen in Knöchel, Knie und, zu meinem Erschrecken, auch auf Höhe des Halses. Das hätte Tote geben können.

Der eine oder andere Leser fragt sich jetzt vielleicht was, S-Rollen seien. Nun, das sind Stahlbänder, die so ähnlich wie Stacheldraht aussah. Allerdings hatten die im eigentlichen Sinne keine Stacheln, sondern sichelförmige, rasiermesserscharfe Haken.

Ich könnte von der Gefährlichkeit ein Lied singen. Denn ich war beim Verlegen einer solchen Sperre einmal an einer dieser „Stacheln" hängen geblieben und hatte mir den Zeigefinger bis auf den Knochen aufgeschlitzt. Sollte man jemals in solche S-Rollen fallen, sollte man definitiv um Hilfe rufen, sich aber auf keinen Fall bewegen. Denn jede Bewegung sorgte dafür, dass die „Stacheln" sich tiefer ins Fleisch gruben. Das war nicht angenehm und würde mit Sicherheit sehr stark schmerzen.

Da unser Lager gesichert war, konnte ich mich beruhigt hinlegen. Es dauerte nicht lange, als des Nachts die ersten Bodenleuchtkörper hochgingen. Die angreifende Gruppe stolperte über die Stolperdrähte. Meine Gruppe hatte in etwa 50 Metern um unser Gruppennest die ersten Bodenleuchtkörper verteilt. Auf etwa 30 Meter um das Lager die Sprenggranaten und 20 Meter vorm Lager lagen wieder Bodenleuchtkörper.

Durch die Leuchtkörper wurde es so hell wie am Tag, so dass wir nicht einmal unsere Signalpistolen zur Gefechtsfeldbeleuchtung nutzen mussten.

Wie nicht anders zu erwarten, gewannen wir das Gefecht und unser Lager wurde nicht eingenommen. Anders war es, als wir ein anderes Gruppennest angriffen. Das war ungefähr zwei Stunden später.

Ich schickte als Erstes einen Spähtrupp zur Erkundung vor. Nach circa 45 Minuten kam mein Spähtrupp zurück. Aber nicht allein. Sie hatten den Alarmposten der anderen Gruppe ausgehoben und nicht nur deren MG3 mitgebracht, sondern auch die beiden Alarmposten. Meine Männer erzählten mir, dass es ganz einfach war, denn die zwei Alarmposten waren eingeschlafen. Aber was nun?

Ich ließ die beiden Soldaten an einen Baum binden und unter Bewachung eines meiner eigenen Soldaten in unserem Gruppennest zurück. Dann griffen wir das gegnerische Gruppennest an und nahmen es ein. Das war nicht schwer, da diese keine Alarmierung mehr hatten. Nachdem das erledigt war, schickten wir die fremden Soldaten, mit Getränkedosen gefesselt und um den Hals gebunden, wieder zurück in ihr Lager. Für die beiden war das mehr als nur blamabel.

Was sie nicht wieder bekamen, war ihr MG3. Das konnten wir am nächsten Tag nutzen. Denn nun hatten wir zwei MG und die anderen keins. Wie das Gefecht am darauffolgenden Tag ausging, brauche ich hier, so denke ich, nicht mehr erwähnen.

Resultat: Meine Gruppe und ich bekamen durch unseren Chef eine Belobigung und der gegnerische Unteroffizier eine Rüge, die er gleich an die zwei schlafenden Soldaten weitergab. Die beiden hatten die nächste Woche Toilettendienst.

Kapitel 15

Die Leopard 2 kommen

Kurz nachdem wir unsere drei Monate in der Ausbildungskompanie beendet hatten, in der wir waren, um wie es unser Kompaniechef gesagt hatte: „Erstmal gehen Sie drei Monate in die AK, um das Ausbilden zu lernen. Wenn Sie zurückkommen, können Sie unsere eigenen Soldaten richtig ausbilden." So kamen dann die Leopard 2 in unser Bataillon.

Das war ein großer Moment und ein Schauspiel.

Denn nur unsere 2. und 3. Kompanie bekamen die Leopard 2 so, dass sie fahrbereit waren. Die 1. Kompanie war schließlich Stabs- und Versorgungskompanie und hatte weder Kampfpanzer noch Spähpanzer Luchs. Unsere 5. Kompanie war unsere leichte Kompanie und hatte hauptsächlich Infanterie-Teile und als Beförderungsmittel 2-Tonner-Unimogs, wie TPZ (Truppentransportpanzer) Fuchs. Dies war ein dreiachsiger gepanzerter „LKW", den sie allerdings auch als Radarfuchs nutzten, um Radaraufklärung zu betreiben. Mein Bruder war seinerzeit kurz vor mir in dieser Kompanie und fuhr einen solchen Radarfuchs.

Die Kampfpanzer unserer 4. Kompanie waren eingemottet und sie nutzten demnach nur die Luchse. Das Einmotten der Panzer war so gestaltet, dass die Motoren nicht mit Öl im eigentlichen Sinn gefüllt waren, sondern mit einer besonderen Flüssigkeit, die die Motoren konservierte und sich durch einen chemischen Prozess durch das Anstellen des Motors in Schmieröl verwandelte. Das hatte jedoch zur Folge, dass wir diese Panzer nicht mit eigenem Antrieb in die Hallen fahren konnten.

Sie wurden von uns in die Hallen geschleppt und dort geparkt. Das war sehr hübsch anzusehen. Unsere Kampfpanzer konnten auf direktem Weg und selbstständig vom Verladebahnhof in die Kaserne gefahren werden. Aber auch das war nicht so einfach, denn man durfte mit dem Führerschein für den Leopard 1 noch lange keinen Leopard 2 fahren.

Wir hatten insgesamt nur zwei Fahrer für das ganze Bataillon, die Leo 2 fahren durften. Als unsere Panzer unter den Schleppdächern standen, stellten wir fest, dass wir eigentlich nicht viel damit anfangen konnten, da uns die Fahrer fehlten.

Eine Woche nachdem die Panzer angekommen waren, wurden die ersten Unteroffiziere und Feldwebel auf den Führerscheinlehrgang geschickt. Ich war noch nicht dabei und sollte später den Lehrgang besuchen. Was nun?

Wir hatten keine Soldaten in der Grundausbildung und konnten die Panzer nicht fahren. Wir mussten uns jedoch irgendwie auf die Panzer vorbereiten. Also beschloss man, da wir die Panzer zwar nutzen, aber nicht bewegen durften, uns selbst auszubilden.

Unser Kommandeur befahl, dass wir uns die Vorschrift und die Handbücher nehmen sollten und uns selber anlernen sollten, wie der Panzer funktionierte. Dazu wurden die Panzer von den zwei Fahrern auf die Freifläche gefahren und blieben auch dort, natürlich innerhalb der Kaserne, stehen, bis unsere frisch ausgebildeten Fahrer vom Lehrgang zurückkamen.

Wir waren jeden Tag an den Panzern zugange und fuchsten uns langsam in die Bedienung der Fahrzeuge ein. Ab und an mussten wir die Motoren starten, da wir Strom brauchten, um die Panzer zu bedienen. Wenigstens das wurde uns ohne Fahrberechtigung gestattet.

Wie genau so ein Panzer funktionierte, kann ich an dieser Stelle nicht im Detail erzählen, weil das Buch ansonsten kein Ende finden würde. Aber dennoch so viel: Der Panzer konnte eigentlich nicht am Ziel vorbeischießen, da er eine Waffenstabilisierung hatte, wie einen dynamischen Vorhalt. Im Klartext: Lasern, um die Entfernung zum Ziel zu ermitteln, und das Rohr stellte sich automatisch in den richtigen Winkel. Mit dem Fadenkreuz auf dem Ziel bleiben und abdrücken. Treffer.

Während man fuhr, auch in schwerem Gelände, sorgt die Waffenstabilisierung dafür, dass sich das Rohr immer auf dem Ziel befand, wenn man mit dem Fadenkreuz auf selbigem war. Hieß: Das Rohr bewegte sich immer auf und ab, während man durch das Gelände fuhr. Der dynamische Vorhalt (ein Knopfdruck am Richtgriff) sorgte dafür, dass sich das Waffenrohr automatisch mit Vorhalt auf ein fahrendes Ziel einstellte. Man blieb wiederum immer mit dem Fadenkreuz auf der Zielmitte. Der Rechner auf dem Panzer machte den Rest, indem er die Eigengeschwindigkeit und die Geschwindigkeit des Gegners berechnete und den richtigen Vorhalt wählte.

Nach zwei Wochen waren die Fahrer von der Ausbildung zurück und wir konnten draußen im Gelände richtig üben. Dann waren auch diese drei Monate vorbei und wir bekamen neue Rekruten. Die nächsten drei Monate verliefen wie andere Grundausbildungen auch. Einkleidung, Grundkenntnisse, viel Formaldienst und Geländedienst im Wechsel mit Waffenausbildungen und Schießen. Danach die Ausbildung für unsere Rekruten in den Zügen auf den zugeteilten Panzern.

Bevor auch ich zur Fahrzeugführerausbildung ging, musste ich zu einem anderen Lehrgang. Aber das ist eine andere Geschichte, die ich im nächsten Kapitel erzähle.

Leopard 2 in Hessisch Lichtenau im Gelände

Kapitel 16

Feldwebel Teil 1 in Lahnstein

Hier gibt es einiges zu erzählen und dadurch wird es ein etwas längeres Kapitel. Unser Feldwebel Teil 1-Lehrgang ging von 31. März 1992 bis 04. Juni 1992. Die Kaserne war die Deines-Bruchmüller-Kaserne direkt in Lahnstein. Da wir von zu Hause anreisen konnten, hatte ich meine komplette Ausrüstung daheim.

Also begab ich mich am Montag, dem 30.März 1992, gegen Nachmittag auf den Weg nach Lahnstein. Ich hatte vorher noch nie etwas von der Stadt gehört, wusste aber, nach Kartenstudium, dass sie in der Nähe von Koblenz lag. Die Fahrt dorthin dauerte etwa 2,5 Stunden.

Als ich dort ankam und mich auf der Wache meldete, wurde ich eingewiesen und konnte meine Stube beziehen. Ich hatte eine Zweimann-Stube und wartete auf meinen Kameraden aus Hessisch Lichtenau, der auch zu dem Lehrgang musste. Er wollte aber erst am darauffolgenden Tag morgens anreisen. Das war mir zu stressig.

So verbrachte ich die erste Nacht allein in unserer Stube. Am nächsten Morgen um 05:30 war die Nacht zu Ende, da mein Kamerad eintraf. Natürlich war er nicht leise, als er die Stube betrat. Aber was sollte es schon, ich hatte schließlich lange genug geschlafen.

Um 07:00 wurden wir in den Unterrichtsraum befohlen und es stellte sich ein Major vor. Er begrüßte uns mit den Worten: „Meine Herren, sie haben die Kaserne gefunden und damit den Lehrgang auch schon bestanden."

Wir waren etwas verdattert. Ein Lehrgang, den man schon am ersten Tag bestanden haben sollte? Aber es klärte sich alles mit der Zeit auf.

Der Feldwebel Teil 1-Lehrgang war ein Probelehrgang und wir waren die ersten Teilnehmer. Auf diesem Lehrgang sollten zukünftige, neue Unteroffiziere lernen, wie man Rekruten ausbildete und Ausbildungen vorbereitete. Also Materialanforderungen schreiben und weiterleiten, Örtlichkeiten suchen und buchen, wie Handzettel schreiben. Diese waren für die Ausbildung nötig und waren minutiös eingeteilt. Das sollte dazu dienen, dass die vorgesehene Zeit für die Ausbildung genau eingeteilt wurde, damit die Ausbildung in der vorgegebenen Zeit komplett absolviert werden konnte. Also eine Hilfe, um sich nicht mit der Zeit zu verirren.

Des Weiteren mussten jeder von uns vier Ausbildungen vorbereiten und durchführen. Da wir noch nach dem alten Standard zu Unteroffizieren ausgebildet wurden, kannten wir den Prozess schon. Die zukünftigen Unteroffiziere machten das in ihrer Ausbildung nicht mehr, da sie nur als Hilfsausbilder ausgebildet wurden. Um diese Unteroffiziere zu „vollwertigen" Ausbildern zu machen, wurde der Feldwebel Teil 1-Lehrgang eingeführt.

Damit hatte sich alles geklärt und wir sahen entspannten 9,5 Wochen entgegen. Wir bekamen unsere zu haltenden Ausbildungen ausgehändigt. Das gestaltete sich so, dass wir Zettel aus verschiedenen Kisten ziehen mussten und somit selbst festlegten, welche Ausbildungen wir zu halten hatten.

Diese bestanden aus: einer theoretischen Waffenausbildung, einer praktischen Waffenausbildung, einer Gefechtsausbildung und einer Überraschungsausbildung, auf die ich später noch zurückkomme.

Ich weiß natürlich nicht mehr, welcher Kamerad welche Ausbildung halten musste. Aber ich weiß noch, welche mir zugedacht wurden und auf diese gehe ich gleich näher ein.

Wir bekamen noch gesagt, wann wir die Ausbildungen halten sollten und, dass wir morgens nach dem Antreten in den ersten beiden Dienststunden unsere Ausbildungen auf unseren Stuben vorbereiten konnten. Wir hatten also erst um 09:00 Uhr unseren echten Dienstbeginn. Das nutzten wir natürlich aus, indem wir mit unserem Seminarfeldwebel beschlossen, dass nur der jeweilige Zugdienst ihm morgens um 07:00 Uhr die Vollzähligkeit meldete und wir anderen nicht antreten mussten. Damit hatten wir uns zwei Stunden Schlaf mehr ergattert. Diesen brauchten wir auch, wie es sich in den nächsten Wochen zeigte.

Wenn es um 09:00 Uhr morgens richtig los ging, wurden wir mit Unterrichten überzogen, die wir aber als langweilig empfanden, weil es in der Regel nur Themen waren, die wir schon kannten. Dazu gehörten Fragen, wie „Wie gliedere und schreibe ich einen Handzettel?" oder „Wo kann ich das benötigte Material anfordern und mit welchem Formblatt?". Zwischendurch hatten wir auch Gefechtsausbildung und Sport, denn wir sollten in den über neun Wochen unser Sportabzeichen ablegen.

Damals war ich noch trainiert und hatte bei 178 Zentimeter Größe circa 70 Kilogramm an Gewicht. Heute, 27 Jahre später, habe ich bei 178 Zentimeter Größe etwa 95 Kilogramm an Gewicht. Ja, das ist das Rad der Zeit!

Aber nun zu meinen Ausbildungen, die ich halten musste. Wir schafften es, unsere Ausbildungen innerhalb der ersten Woche komplett vorzubereiten und hatten dadurch, wie gesagt, zwei Stunden mehr Schlaf. Zur Vorbereitung gehörten Anforderungen von Material und Handzettel schreiben, Örtlichkeiten suchen und vieles mehr.

Meine erste Ausbildung war schnell vorbereitet, aber schwer zu halten. Es gab ein Zeitproblem, das ich bewältigen musste, und zwar in der Form, dass ich 90 Minuten für die Ausbildung Zeit hatte, aber eigentlich nach 30 Minuten schon fertig sein würde.

Ich sollte einen theoretischen Unterricht über das Fliegerabwehrvisier des MG3 halten. Wer ein Fliegerabwehrvisier kennt, wird wissen, dass das Thema nicht viel zur Unterrichtung hergibt. Also machte ich mich daran, die Ausbildung erst vorzubereiten und durchzuführen.

Ich besorgte mir ein MG3, damit alle mit dem Fliegerabwehrvisier zielen konnten. Ich bastelte mir Schablonen, die dem Visier nachempfunden waren und benutzte als Korn einen Papierstreifen. Das Visier legte ich auf einen Tageslichtprojektor und ließ meine Kameraden einzeln nach vorne treten, um sie das Korn auf die richtige Vorhaltemarke beim Visier zu legen. Dort gab es verschiede Vorhaltemarken. Nämlich für den Vorbeiflug von links und für den Vorbeiflug von rechts. Für den Anflug von vorne und das ganze natürlich zweifach, weil für schnelle und für langsame Luftfahrzeuge galt.

Weil ich das ganze schon gedanklich durchgespielt hatte und feststellte, dass ich immer noch viel Zeit überhatte, stellte ich zusätzlich das unsrige Fliegerabwehrvisier mit einem aus dem Ersten Weltkrieg gegenüber. Dabei kam ich bei den Erklärungen, dank der Fragen meiner Kameraden, vom Hundertsten ins Tausendste.

Die Zeit zog sich wie Kaugummi, aber irgendwann war es geschafft und ich sagte nach der Auswertung durch die „Prüfer", dass es nicht so weit kam, dass für ein solches Thema jemals von mir 90 Minuten erwarten werden könnten.

Die Ausbilder sagten uns, dass sie absichtlich einen viel zu großen Zeitrahmen angesetzt haben, um zu prüfen, wie wir damit umgehen würden.

Dieses sollte sich durch die anderen Ausbildungen, die wir halten mussten, ziehen. So wurden Extreme durch die Vorgaben unserer Ausbilder verursacht. Entweder durch zu viel Zeit, zu wenig Zeit zur Vorbereitung oder Materialmangel. Es erwischte jeden von uns.

So, kommen wir nun zu der zweiten Ausbildung, die ich halten musste. Das war meine Überraschungsausbildung.

Unser Feldwebel war der Meinung, dass wir wieder Formaldienst machen müssten. Wir marschierten durch die Kaserne, als er uns halten lies und nach einem Freiwilligen fragte. Da ich eigentlich keine große Lust hatte, noch weiter zu marschieren und mir dachte, dass es sich um einen Auftrag handeln würde, der mir das erspart, meldete ich mich. Das taten einige andere Kameraden auch, aber ich wurde ausgewählt.

Aber dann kam der Schockmoment. Mein Feldwebel drückte mir eine ZDv (zentrale Dienstvorschrift) in die Hand. Es war die für den Formaldienst.

Wie schon früher erwähnt, gab es bei der Bundeswehr für alles eine Vorschrift. Am Ende dieser Schilderung meiner Formaldienstausbildung gebe ich euch einen kleinen Ausblick, was in den Vorschriften manchmal für ein Blödsinn stand.

Nun aber wieder zur Ausbildung. Ich bekam zehn Minuten Zeit, um eine Ausbildung „Marsch mit Gesang" vorzubereiten. Aufgrund der wenigen Zeit musste ich ohne den obligatorischen Handzettel dies ausführen.

Als die Zeit verstrichen war, meldete ich mich vorschriftsmäßig bei meinem Feldwebel. Er ließ mich meine Soldaten antreten lassen. Als diese dann ordnungsgemäß standen, ging er an der Reihe entlang und fragte einen meiner Kameraden, auch ein Aufklärer, warum er sein Barett-Abzeichen mit goldgelbem Trassierband unterlegt habe.

Der sagte, dass es bei der Aufklärungstruppe so Tradition sei.

Das sah mein Feldwebel allerdings anders und entband ihn von der Ausbildung mit den Worten: „Hier ist das keine Tradition. Austreten, Sie nehmen nicht an der Ausbildung teil!"

Ich dachte, na ja, kein Problem dann ist es einer weniger.

Aber der Feldwebel ging die Linie weiter und fragte den Nächsten, was das für ein miserabler Schuhputz sei. Auch dieser Kamerad wurde ausgeschlossen. Beim nächsten Kameraden war es ein Fleck auf der Uniformjacke. Und so ging es weiter. Irgendwann war er fertig mit seiner Inspektion und befahl mir mit der Ausbildung zu beginnen.

Das Problem war jedoch, dass ich nur noch zwei Soldaten zur Verfügung hatte.

Damit konnte man keine Ausbildung „Marsch mit sang" durchführen.

Ich baute mich vor meinem Feldwebel auf und meldete ihm: „Herr Feldwebel, Unteroffizier Trube melde Ihnen, dass ich die Ausbildung mangels Soldaten nicht durchführen kann!"

Er nickte ab und ich bekam die Schulnoten Eins.

Dann sagte er, dass es geplant war, mir fast alle Soldaten zu nehmen, um zu sehen, ob ich improvisieren konnte. Und so zog sich das durch alle Ausbildungen, die wir machen mussten. Nicht nur bei mir. Die anderen erwischte es genauso. Außer bei der praktischen Waffenausbildung.

Aber nun zu den ominösen ZDv.

In der ZDv 3/11 Gefechtsdienst aller Truppen, steht zum Beispiel: „Bei einer Wassertiefe von 90 Zentimeter beginnt der Soldat selbstständig mit Schwimmbewegungen. Die Grußpflicht entfällt dabei." oder „Bei eintretender Dämmerung ist mit Dunkelheit zu rechnen." oder „Beim Erreichen der Baumspitze hat der Soldat die Kletterbewegungen einzustellen." und „Liegt der Kopf mehr als 20 Zentimeter vom Rumpf entfernt, ist der Tod festzustellen." oder „Berge und Hügel unterscheiden sich von ihrer Umgebung. Vorrangig durch ihre Höhe."

So, nun ein kurzer Exkurs zur praktischen Waffenausbildung.

Ein paar Tage später, nachdem auch andere Kameraden vor fast unlösbare Aufgaben gestellt wurden, war ich wieder an der Reihe. Ich hatte meine praktische Waffenausbildung. Bei mir war es drillmäßiges Zerlegen und Zusammensetzen des MG3.

Das war eine Ausbildung, die nicht von unseren Ausbildern torpediert wurde. Ich hatte für jeden Soldaten ein MG3, Matten, Stiefelbeutel und Exerziermunition bekommen. Alles, was ich angefordert hatte, bekam ich. Das war nur bei den praktischen Waffenausbildungen der Fall. Ansonsten, wie schon erwähnt, gab es immer etwas, das man nicht bekam.

Ich ließ also meine Soldaten sich hinlegen und wir begannen einfach und langsam mit der drillmäßigen Ausbildung. Diese steigerten wir, indem wir uns körperlich betätigten. In Form von etlichen Liegestützen und kurzen Sprints. Dann zerlegten wir das MG3 mit einem Stiefelbeutel über dem Kopf. Also ohne, dass die Soldaten etwas sehen konnten. Begründung: Wenn es Stockdunkel war, muss man die Waffe auch zerlegen und zusammensetzen können. Das war bei Störungen der Fall. Zuletzt mussten meine Kameraden die Waffe noch zerlegen und die Einzelteile so auf ihre Beine und den Rücken legen, dass kein Teil die Erde berührte. Passierte es dennoch, wurden Liegestütze und Sit-Ups gemacht.

Die 45 Minuten, die ich für diese Ausbildung zur Verfügung hatte, waren schnell vorüber. Ich hielt mich genau an meinen Zeitplan, den ich auf dem Handzettel stehen hatte. Außerdem mussten die Handzettel vorher bei unserem Ausbilder abgeben werden, der genauestens darauf achtete, dass alle Vorgaben eingehalten wurden. Das hieß für uns, dass wir alle Handzettel doppelt schreiben mussten. Aber wie schon erwähnt, wir hatten ansonsten Narrenfreiheit und konnten nicht durch den Lehrgang fallen.

Widmen wir uns den schönen Seiten des Feldwebel Teil 1-Lehrganges.

Abends sind wir meistens in die Stadt gefahren. Natürlich mit dem Taxi, weil wir zu der Zeit ziemlich viel getrunken hatten. Was soll man auch sonst machen, wenn man in der Kaserne wohnt? Wir waren meistens in einer Kneipe, die einen mexikanischen Flair hatte. Dort tranken wir das gute Corona. Es gab da auch einen Schnaps namens „Mescal“. Die Flaschen waren etwas größer als Kümmerling-Flaschen und es war entweder ein Agavenschnaps oder einer aus Kaktusblüte.

Auf jeden Fall lag in jeder Flasche ein Wurm. Man sagte, dass der Schnaps giftig sei, wenn der Wurm oben schwamm. Ob das der Wahrheit entsprach, weiß ich heute nicht. Ich vermute aber, dass es nur ein Spruch war. Jedenfalls kamen wir eines Abends auf die Idee, die Würmer mitzuessen. Zuerst schluckten wir sie runter. Aber mit fortschreitender Zeit kauten wir diese auch und merkten ziemlich schnell, dass sich der meiste Alkohol in den Würmern gesammelt hatte. Ein Kamerad von mir kam auf die Idee, sich das Ganze auf Toast schmecken zu lassen. Verrückt und stark angetrunken, wie wir waren, machten wir ihm das nach.

Das praktizierten wir nahezu jeden Abend. Aber warum auch nicht, wir konnten ja 09:00 Uhr ausschlafen. Es sei denn, man hatte Zugdienst.

Nun gingen wir jedoch eines Abends in eine Disco und wollten ein wenig Spaß haben. Zu der Zeit war ich wieder Single und hatte nichts zu verlieren. Ich lernte wie immer ein junges Mädchen kennen.

Wir kamen ins Gespräch, weil sie mit einer Freundin dort war, die wiederum seit ein paar Tagen mit einem meiner Kameraden zusammen war. Das Problem meines Kameraden war nur, dass er verheiratet war. Jedenfalls zu der Zeit. Später ließ sich von seiner Frau scheiden, weil er seine Eroberung dummerweise geschwängert hatte. Nun, er ließ sich kurz nach dem Bekanntwerden der Schwangerschaft nach Koblenz versetzen und heiratete nach der Scheidung seine Eroberung. Aber das nur am Rande.

Ich baggerte also die Freundin von ihr an und hatte Erfolg, denn sie war mir zugetan. Irgendwann an dem Abend fragte ich sie, wie alt sie sei. Sie meinte, ich solle schätzen und so schätzte ich sie auf 20 Jahre. Sie aber sagte, dass ich mich um drei Jahre verschätzt hätte. Ich fragte erstaunt, ob sie wirklich schon 23 sei.

Doch sie sagte: Nein, sie sei 17 Jahre alt.

Ich dachte, mich trifft ein Schlag. Eine so hübsche und sehr gut ausgestattete Frau und dann erst 17 Jahre? Aber ich machte mir keine Gedanken und wir küssten uns kurz darauf. Aber mehr war nicht geschehen. Später durfte ich sie zu Hause besuchen und lernte dabei auch ihre Eltern kennen. Es waren wirklich nette Menschen und ich kam super mit ihrem Vater aus. Wahrscheinlich, weil wir beide BVB-Fans sind und er auch einige Jahre beim Bund war.

Kurz gesagt, die erste Nacht bei ihr musste sie noch bei Ihren Eltern schlafen. Beim nächsten Besuch über Nacht schliefen wir beide in ihrem Bett. Wir waren etwas über vier Jahre ein Paar. Leider wollte sie nicht von Lahnstein wegziehen und hatte auch einen guten Job in einer Kanzlei. Und ich, der ich am Ende unserer Beziehung schon beim Bundesgrenzschutz war, konnte nicht nach Koblenz versetzt werden. Angeblich sei ein Präsidiumswechsel nicht möglich. Dadurch ging unsere Beziehung in die Brüche. Das am Rande, um nicht nur vom Barras zu schreiben.

Nun wieder zum Dienstalltag.

Wir mussten schließlich, wie bereits erwähnt, auch das Deutsche Sportabzeichen machen. Da wir ja auf einem „Testlehrgang" waren, meinten unser Ausbilder, dass wir das alles an einem einzigen Tag bewältigen konnten. Also mussten wir vormittags 100 Meter laufen und Weitsprung, sowie Hochsprung springen und einen Schleuderball werfen. Nach dem Mittag ging es zum 200 Meter Schwimmen. Zur Krönung mussten zusätzlich 5.000 Meter in 23 Minuten schaffen. Nun, die meisten schafften es.

Wie ihr euch denken könnt, gingen wir den Abend nicht mehr in die Stadt.

Dann kam der Tag, an dem ich meine Gefechtsausbildung halten musste.

Ich war gut vorbereitet und hatte sowohl meinen Handzettel geschrieben als auch eine Menge Material angefordert. Ich hatte den Auftrag, einen Alarmposten zu organisieren und meine Soldaten, alles Lehrgangskameraden, mussten eine Wiese überwachen. Damit keine Panzer die Wiese überqueren konnten und die feindliche Infanterie ebenfalls nicht über die Wiese angreifen konnte, wollte ich die Fläche mit Schützen- und Panzerminen sichern.

Das hatte zur Folge, dass die Infanterie nur den Weg nutzen konnte und dadurch gebündelt auf unsere beiden MG3 zulief.

Ich forderte also einiges an Material an. Im Einzelnen:

- Panzerminen
- Schützenminen
- MG3
- Handgranaten
- Handflamm-Patronen
- S-Rollen
- Panzerfäuste
- Ausreichend Munition für alle Waffen

Als wir auf dem Übungsplatz, der Schmittenhöhe, ankamen, befahl mir mein Feldwebel mit der Ausbildung anzufangen. Ich fragte ihn, wo das von mir bestellte Material sei.

Als Antwort bekam ich nur: „Es gab Probleme mit der Weiterleitung Ihrer Anforderungen." Alles, was ich von ihm bekam, waren vier oder fünf Schachteln Manöverpatronen für unsere G3 und eine Rolle Trassierband.

Also musste ich wieder improvisieren. Ich ließ einige Holzstöcke aus dem nahen Wald holen und eine Straßensperre daraus errichten. Mit dem Trassierband ließ ich einen Teil der Wiese absperren und malte mit Bleistift ein Minenzeichen auf einen Zettel, den ich dann am Trassierband festbinden ließ. Zwei weitere Stöcke wurden kurzerhand zu MG3 erklärt. Danach warteten wir darauf, was passieren wurde. Es passierte nichts, außer, dass mein Feldwebel die Übung beendete.

Dann wurde es laut. Denn es überflogen uns zwei Phantom-Jäger. Wir sahen sie, und erst als sie über uns hinweg gedüst waren, hörten wir sie. Ich war damals wirklich überrascht, wie tief die geflogen waren. Wir konnten tatsächlich die Köpfe der Piloten sehen und auch ihre Atemmasken. Sowas hatte ich vorher noch nie gesehen. Damals war der Raum über der Schmittenhöhe noch Tieffluggebiet und sowohl die deutsche Luftwaffe als auch die Amerikaner und Franzosen nutzten diesen Tiefflugraum.

Dann war noch ein anderer Kamerad mit seiner Ausbildung dran. Er musste uns das Hinlegen und Gleiten in einer Erstausbildung beibringen. Das ist gar nicht einfach, sich mit dem ganzen Gepäck und dem G3 oder anderen Waffen auf die Erde zu legen, damit es schnell ging und es dabei nicht wehtat. Man ging dabei erst auf das eine Knie runter, dann streckte man einen Arm nach vorne, dann das zweite Knie zur Erde senken und dabei Raumgewinn erzielen. Somit liegt man auf der Erde und hat sich, wenn man es richtig gemacht hat, auch nicht den Schmerzen ausgesetzt. Machte man es falsch, hatte man sich nach kurzer Zeit vor allem die Ellenbogen aufgeschrammt. Aber auch die Knie taten höllisch weh.

Nachdem diese Ausbildung beendet war, marschierten wir wieder zur Kaserne zurück. Am nächsten Morgen erfuhr ich, dass ich für meine improvisierte Ausbildung die Schulnote Zwei bekommen hatte. Aber das hatte ich gar nicht verarbeiten können, da wir alle ziemlich betrunken waren. Wir waren nämlich den Abend nach der Gefechtsausbildung wieder in der Stadt verbracht.

Gegen Ende des Lehrganges hatten wir schließlich eine dreitägige Durchschlageübung. Darauf freuten wir uns in gewisser Weise, weil wir mit Hubschraubern des Typs CH 53 abgeholt werden sollten. Allerdings wussten wir auch, dass es eine stressige Übung werden würde, denn wir kannten unsere Ausbilder.

Als Erstes mussten wir vor unserer Kompanie antreten und unsere Zeltplanen vor uns ausbreiten. Wir wussten sofort, was kommen sollte. Wir mussten unsere gesamte Ausrüstung auf der

Zeltplane nach Ansagen der Einzelteile ablegen. Jedes Teil, in dem man Zigaretten oder Schokoriegel hätte schmuggeln können, wurde genau durchschaut.

Einige von uns hatten natürlich Schokoriegel und Zigaretten dabeigehabt. Protein-Riegel oder Energiedrinks gab es damals noch nicht.

Unser Allheilmittel gegen Erschöpfung waren Schokoriegel und Dextro-Energy. Aber es wurde alles gefunden und uns abgenommen. Danach packten wir alles wieder ein und marschierten in Richtung Schmittenhöhe los. Es war dummerweise sehr warm und wir mussten im Eilmarsch auf die Höhe. Dort sollten uns die Hubschrauber abholen. Ich weiß nicht mehr, wie viele Kilometer es waren, aber ich schätze im Nachhinein etwa drei Kilometer, wie einen Höhenunterschied von 200 bis 300 Metern.

Unsere Ausbilder scheuchten uns wie verrückt. Aber das Schlimmste war, dass diese Eis aßen, uns verhöhnten und zu uns meinten, dass das Eis ganz köstlich sei. Wir reagierten aber nicht darauf. Jedenfalls nicht so, dass sie es merkten. Wir hätten sie töten können, so wütend waren wir. Und weil sie ihre Kampfjacken ausgezogen hatten. Außerdem waren sie ohne Gepäck unterwegs. Ihr persönliches Gepäck wurde mit einem Unimog auf die Schmittenhöhe gefahren.

Wir dagegen durften unsere Jacken noch nicht aufknöpfen und hatten neben unseren G3 Gewehren auch noch unsere persönliche Ausrüstung zu tragen, die etwa 25 Kilogramm wog. Zur Krönung trugen wir unseren Stahlhelm. Es war schließlich ein Gefechtsmarsch.

Nach etwa 45 Minuten erreichten wir unseren Bereitstellungsraum. Wir mussten unterziehen und erst nach etwa 30 Minuten kamen die Hubschrauber. Wir hätten demnach auch gemütlich marschieren können. Dann setzte der erste Hubschrauber auf. Die erste Hälfte unseres Lehrsaales konnte unter Deckung der restlichen Kameraden in den Hubschrauber laufen. Natürlich unter Berücksichtigung der Sicherheitsbestimmungen. Damit keiner in den Heckrotor lief. Obwohl die Hubschrauber so groß waren, dass das eigentlich bei normaler Körpergröße nicht passieren konnte. Immerhin passen circa 30 aufgerüstete Soldaten in einen solchen Hubschrauber.

Als wir in der Maschine waren, schloss sich die Heckklappe und wir stellten fest, dass alle Fenster lichtdicht verhängt waren. Wir sollten schließlich nicht sehen, wohin man uns flog.

Wir flogen etwa 30 Minuten und wurden in einer großen Waldlichtung abgesetzt.

Das ging folgendermaßen vor sich: Der Lademeister im Hubschrauber teilte uns per Handzeichen mit, dass wir in den Landeanflug gehen würden. Dann öffnete sich die Heckklappe und, da wir wussten, dass wir schnell raus mussten, damit der Hubschrauber zügig wieder abheben konnte, um dem nächsten Platz zu machen und wir dessen Landung sichern sollten, sprangen die ersten Kameraden zur Rampe raus.

Aber da schrie der Lademeister: „Stopp! Noch nicht, wir sind noch 30 Meter über dem Grund!"

Das hätte eine Katastrophe geben können! Wenn wir etwas hätten sehen können, wäre das Problem gar nicht aufgekommen. Aber es ging alles gut und so sicherten wir in sogenannter Rundumsicherung den Landeplatz. Es war wahnsinnig imposant, wie dieser große Vogel einschwebte und sich die Heckklappe öffnete. Sowas muss man einfach mal gesehen haben.

Als auch der zweite CH 53 wieder weggeflogen war, verließen wir die Lichtung und zogen im Wald unter.

Dort bauten wir unsere Gruppennester auf, legten Alarmposten aus und warteten auf den Einbruch der Dunkelheit. Da es eine Durchschlageübung sein sollte, durften wir nur nachts marschieren. Also nutzten wir die Zeit, die wir hatten, bis wir für zwei Stunden in den Alarmposten mussten, um etwas vorzuschlafen. Als die Nacht einbrach, machten wir uns auf den Weg. Einer von uns wurde zum Gruppenführer eingeteilt und führte uns. Zum Glück dachten wir daran, gleich nachdem wir unser Lager aufgebaut hatten, zum Waldrand zu robben, um uns zu orientieren. Denn alle Fenster der Hubschrauber waren verhängt und wir wussten absolut nicht, wo wir waren. Zur Orientierung und für den Marsch bekamen wir von unserem Feldwebel lediglich einen Kartenausschnitt, der uns aber reichte, um uns zu orientieren. Dies gestaltete sich so, dass man in der Gegend mindestens zwei markante Punkte suchte. Zum Beispiel einen Fernsehturm und einen alleinig stehenden, großen Baum. Diese Punkte suchte man in der Karte und konnte dadurch auf der Karte feststellen, wo man sich befand. Dieses nannte man koppeln.

Dann ging es los und wir konnten die knapp 50 Kilometer in Angriff nehmen. Denn so weit mussten wir in zwei Nächten laufen.

Wir waren in der ersten Nacht etwa fünf oder sechs Kilometer gelaufen, als wir vor uns an einem Weg einen 2-Tonner Unimog sahen. Dieser Unimog hatte rote Kreuze an den Seiten angebracht und wir wussten dadurch, dass es ein feindliches Fahrzeug war. Wir mussten schließlich alles umgehen, um nicht aufzufallen. Also alle Ortschaften und alles, was uns hätte verraten können. Aber unser Führer kam auf die Idee, den LKW zu kapern. Dadurch konnten wir wenigstens einige Kilometer fahren und mussten nicht laufen.

Unser Feldwebel fragte, wie wir verhindern wollten, dass uns der Feind schnappte, wenn wir auf den Waldwegen mit dem Unimog fuhren. Darauf wurde ihm durch unseren Führer gesagt, dass der LKW als Feindfahrzeug gekennzeichnet sei und dadurch kaum Probleme auftauchen sollten.

Alles, was unser Feldwebel noch verlangte, war, dass der eingeteilte Kraftfahrer das Fahrzeug fahren musste. Also fesselten wir nur den Kommandanten des LKW und nahmen ihn mit auf die Ladefläche. Warum jedoch musste der eingeteilte Fahrer fahren?

Nun das ist einfach: Wenn man ein Bundeswehrfahrzeug bewegen wollte, musste man einen Fahrbefehl haben, in dem natürlich der Name des Fahrers stand. Dieses durfte man nur ändern, wenn der Fahrer erkrankte. Und das war hier nicht der Fall.

Wir fuhren etwa sechs Kilometer, als wir plötzlich lautes Geschrei hörten und anhalten mussten. Eingespielt wurde, dass es einen Luftangriff gab, und es lagen viele verletzte Soldaten rum. Diese mussten natürlich in ein Lazarett gebracht werden und damit waren wir unseren fahrbaren Untersatz wieder los.

Das war natürlich von den Ausbildern so beabsichtigt gewesen, weil alle Gruppen irgendwann auf den Unimog trafen und man damit rechnen musste, dass die Gruppen den LKW beschlagnahmten und somit fahren statt laufen mussten. Später stellte sich heraus, dass nur noch eine andere Gruppe diese Idee hatte, denn alle anderen umgingen den LKW.

Wir machten uns also wieder per Pedes auf den Weg. Nach kurzer Zeit erreichten wir eine Schlucht, über die wir mit Hilfe eines dort gespannten Drahtseiles mit Laufrollen mussten. Es war stockdunkel und wir erfuhren erst hinterher, dass die Schlucht etwa acht bis zehn Meter tief war. Wir mussten uns zwar mit Gurten sichern, bevor wir losfuhren, aber wenn ich gewusst und gesehen hätte, wie hoch es war, wären wir vielleicht nicht über die Schlucht gegangen, sondern um sie herum.

So aber sahen wir nicht, was auf uns zu kam.

Der Rest der Nacht verlief ohne besondere Vorkommnisse und als es langsam hell wurde, zogen wir wieder in den Wald, bauten unser Notlager auf und aßen etwas.

Apropos Essen: Wir hatten nur Notrationen dabei, also das berühmte EPA. Als wir das runtergewürgt hatten, waren wir zwar noch hungrig nach der anstrengenden Nacht, aber es war besser, als gar nichts zu essen zu haben.

Als die nächste Nacht begann, ging es weiter. Unterwegs trafen wir auf Feind und wichen nach einem kurzen Feuergefecht aus. Gegen Morgen kamen wir an der Lahn an und wollten erneut unterziehen, als unser Feldwebel uns mitteilte, dass wir kein Lager zu errichten brauchen, da es gleich mit Booten weitergehen sollte, sobald wir gegessen hatten.

Wir überlegten, was wir nun essen sollen, da wir unsere Notverpflegung am vergangenen Tag verzehrt hatten. Das fragten wir auch unseren Chef. Der erklärte uns anschließend, dass es Rohfleischverpflegung geben würde. Wir freuten uns auf ein Schnitzel, Kartoffeln und Zwiebeln. Das war nämlich das, was wir als Rohfleischverpflegung sonst immer bei solchen Übungen bekamen. Das Essen wurde dann klein geschnitten und im Kochgeschirr mit Wasser zu einer Suppe verarbeitet. Diesmal sollte es aber anders kommen.

Wir bekamen immer zu zwei Mann ein lebendes Huhn und eine lebende Forelle.

So standen wir ratlos im Wald, da die meisten nicht wussten, was sie machen sollten. Einer fragte sogar, wie er ein lebendes Tier essen sollte, so erschrocken war er. Als Antwort bekam er, dass er die Tiere natürlich erst schlachten musste. Dabei verging dem einen oder dem anderen der Appetit.

Unser Feldwebel zeigte uns wie man schlachtete. Ich kannte das schon, weil ich vom Dorf kam und schon als kleiner Junge beim Schweineschlachten dabei war. Ich hatte damit also keine Probleme.

Das Huhn wurde kurz mit einem Schlag ins Genick betäubt und dann am Hals herumgeschleudert. So brach man ihm das Genick.

Aber nur, wenn man nicht zu stark schleuderte. Machte man das nämlich falsch, riss der Kopf ab und man hatte das ganze Blut auf der Uniform. Das passierte einem meiner Kameraden. Vorteil war, dass das Huhn schnell tot war. Den Fisch betäubte man mit einem Stockschlag hinter den Kopf und stach dann mit einem Messer kurz hinter die Kiemen. Dann nahmen wir die Tiere nach Anweisung unseres Feldwebels auseinander und brieten das tote Tier über offenem Feuer.

Wir dachten: Na großartig, jetzt dürfen wir Feuer machen.

Gestern war das noch strengstens verboten. Aber das war ein anderer Ausbildungsteil und man wollte uns nicht zumuten, das Fleisch roh zu essen. Obwohl, bei der Forelle wäre es nicht so schlimm gewesen, da viele auch Sushi aßen. Nun, der Fisch schmeckte auch ohne Gewürze gut. Das Huhn jedoch schmeckte überhaupt nicht. Denn einem Huhn sollte man etwas anhängen lassen und vor allem würzen!

Als wir fertig waren, kamen die Boote. Dabei handelte es sich um Schlauchboote für jeweils sechs oder acht Mann. Was uns allerdings wunderte war, dass keine Motoren und auch keine Paddel dabei waren. Man sagte uns, dass die Boote beim Feind konfisziert wurden und keine Paddel dabei waren. Wir mussten uns also etwas einfallen lassen und wussten, dass das auch wieder eine kleine Prüfung unserer Improvisationskunst sein sollte.

Wir überlegten kurz, bis uns einfiel, unsere G3 als Paddel zu verwenden. Wir lösten also unser Trageriemen an der Schulterstütze und banden uns diese um ein Handgelenk. Dadurch wurde verhindert, dass wir die Waffen beim Paddeln in der Lahn versenkten.

Wir kamen gut voran und das Ganze hatte auch den Vorteil, dass unsere Waffen durch das mehr oder weniger unfreiwillige Bad in der Lahn gleich wieder sauber waren. Natürlich sollten wir aufpassen, dass die G3 nicht komplett unter Wasser gerieten. Aber wer selbst einmal Soldat war und wusste, wie schlecht sich ein Gewehr reinigen ließ, wird sich denken können, dass unsere Waffen dummerweise den Besitzern aus der Hand rutschten, als diese paddelten.

Nach, ich weiß nicht genau, vielleicht drei Kilometern mussten wir ans Ufer steuern und es begann der nächste Teil der Durchschlageübung.

Wir standen am Fuße einer Klamm. Ja, ihr lest richtig eine Klamm. Eine Klamm war ein enger Weg zwischen hohen Steinwänden. In der Regel floss dort auch ein Gewässer. Man ging sozusagen wie durch einen offenen Tunnel. Und so etwas gab es nicht nur im Gebirge. Nein, auch in der Nähe von Lahnstein, die auch zur Schmittenhöhe führte.

Nun wurde ich als Gruppenführer eingeteilt. Das geschah auf folgende Weise: Unser bis dahin eingeteilte Gruppenführer betrat den Eingang der Klamm und es gab eine laute Explosion. Eine Granate ging hoch. Natürlich nur eine ÜB-Granate, aber in unserer Übung sollte es eine Handgranate sein. Dummerweise wurde unser Gruppenführer in der Übungslage von Splittern getroffen und verlor sein Augenlicht. Damit war ich Gruppenführer und musste die Gruppe mitsamt unserem Verletzten durch die Klamm bringen. Das Tragen des Verletzten war aufgrund der Enge in der Klamm nicht möglich.

Als Erstes wollte ich die Klamm umgehen, weil sie eine Todesfalle war, wenn man erst mal drinnen steckte. Sollte der Feind oben lauern, hätte er uns komplett aufreiben können. Wohin sollten wir auch ausweichen? Links und rechts von uns wären nur hohe Steinwände gewesen. Dieses sagte ich auch meinem Feldwebel, als ich den Entschluss fasste, nicht in die Klamm einzusteigen.

Aber er sagte, dass kein Feind in der Klamm sei und keiner am Ende der Klamm lauern würde. Wir mussten also dort durch. Das war natürlich beabsichtigt. Aber ich denke, dass ich dennoch Pluspunkte sammeln konnte, indem ich die Klamm nicht begehen wollte.

Wir stiegen die Klamm hinauf und bewältigten die 1,5 Kilometer zügig. Am schwierigsten war es, Sicherheit für unseren Verletzten herzustellen, der nichts mehr sehen konnte. Um das zu gewährleisten, mussten wir dem armen Schwein die Augen verbinden und er musste uns, total vertrauen. Da ich in der engen Klamm keine andre Aufgabe hatte, als zu koordinieren, musste ich ihn auf Befehl unseres Feldwebels führen. Das war auch für mich nicht einfach, weil ich dem Kameraden jeden Schritt ansagen musste, damit er nicht abrutschte und ins Wasser fiel. Es gab nur einen schmalen, glatten Weg.

Irgendwann kamen wir auf der Schmittenhöhe an und warteten auf das, was noch kommen sollte. Wir hatten keine Ahnung, was man noch mit uns vorhatte. Aber es dauerte nicht lange und wir bekamen den Befehl, im Laufschritt unsere Kaserne zu erreichen. Nach zwei Nächten und drei Tagen waren wir natürlich komplett geschafft und fertig. Aber wir mobilisierten unsere letzten Kräfte und liefen die circa fünf Kilometer zur Kaserne.

Dort angekommen, entließ man uns und wir konnten endlich duschen gehen. Allerdings hatten wir dazu nur etwa 30 Minuten Zeit. Dann mussten wir wieder antreten. Also im Schweinsgalopp zur Dusche und mit frischer Uniform angetreten.

Was danach kam, erstaunte uns wahnsinnig. Vor uns stand unser Hörsaalleiter, unser Major, und befahl jedem von uns, sich eine Flasche Bier aus den von ihm beschafften Kisten zu nehmen. Auf Befehl setzten wir die Flaschen an und tranken mit unserem Major auf die von uns erbrachte Leistung. Dieses Bier hatten wir uns auch redlich verdient. So eine Geste hatte ich nie wieder von einem Vorgesetzten erlebt, obwohl wir damals des Öfteren auch während der Dienstzeit ein Bierchen tranken. Aber natürlich niemals offiziell.

Feldwebel Teil 1 in Lahnstein, vordere Reihe Mitte Unteroffizier Trube

Zwei Tage später hatten wir unsere Abschlussfeier und die war sehr feucht. Keiner von uns hätte am nächsten Tag Auto fahren dürfen. Doch das war egal, weil wir die ganze Lehrgangsabwicklung machen mussten. Nach einer weiteren Nacht, die alkoholfrei blieb, wurden wir wieder in unsere Stammeinheiten in Marsch gesetzt.

In der Stammeinheit angekommen, meldeten wir uns bei unserem Kompaniechef und erzählten von unseren Erlebnissen. Danach ging es ins Wochenende.

Übrigens verbrachte ich das Wochenende bis Sonntagabend bei meiner neuen Freundin aus Lahnstein. Wir waren noch vier Jahre zusammen und fuhren im Wechsel immer an den Wochenenden zu dem jeweils anderen.

Anflug der CH 53, mit der wir verlegten

Innenansicht der CH 53

Kapitel 17

Beförderung zum Stabsunteroffizier

Eines Tages war es so weit und wir wurden zu Stabsunteroffizieren befördert. Das hatte den Vorteil, dass wir mehr Sold bekamen. Aber der eigentliche Freudenpunkt war, dass aus unserer „offenen Schweinerennbahn" eine geschlossene wurde. Was das heißt, kann man eruieren, wenn man sich die Dienstgradabzeichen der verschiedenen Dienstgrade ansieht. Es änderte sich nicht viel am Aussehen. Das umgekehrte U war nun geschlossen.

Die eigentliche Bedeutung für uns und alle, die den Dienstgrad einmal hatten, war einfach, dass man nicht mehr als „Jungfuchs" von fremden, höheren Dienstgraden angesehen und behandelt wurde, sondern als erfahrener Ausbilder und Leopard 2-Kommandant. Man war jetzt ein „alter Hase".

Die Zeremonie war recht einfach gehalten. Die ganze Kompanie musste vor dem Block antreten. Wir wurden nach vorne befohlen, meldeten uns beim Kompanie-Chef und mussten uns „Front zur Kompanie" aufstellen.

Der Chef stellte die ganze Kompanie ins „Achtung" und las die Urkunde vor. In etwa so: „Im Namen der Bundesrepublik Deutschland ernenne ich den Unteroffizier K. Trube mit sofortiger Wirkung zum Stabsunteroffizier. Für den Minister der Verteidigung..."

Danach wurden die „Neuen Schulterklappen" aufgezogen und mit einem kräftigen Schlag durch Chef und Spieß „gefestigt". Im Anschluss erfolgte das obligatorische „Horrido, Joho" und wegtreten der Kompanie. Selbstredend verbrachten wir die Nacht nach einer ausgiebigen Feier im Uffz-Raum der Kaserne.

Kapitel 18

Somalia

Dann kam es fast zu meinem ersten Auslandseinsatz. Das war im Jahre 1993. Es sollte die einzige Möglichkeit für mich werden, in einen Auslandseinsatz zu gehen. Denn die vielen Auslandseinsätze wie Kosovo, Bosnien oder Afghanistan und Mali gab es damals noch nicht. Diese kamen erst später, als die Bundesregierung beschloss, deutsche Soldaten auch in Kriegsgebiete zu schicken. Und dort gab es auch Tote zu beklagen. Wie lange es gedauert hatte, bis endlich ein Politiker von „gefallenen Soldaten" sprach, dürfte jedem Leser ungefähr bekannt sein.

Damals waren die Unruhen in Somalia sehr ausgeprägt. Es bekämpften sich die unterschiedlichsten Warlord-Gruppen. Somalia versank in totalem Chaos. Es wurden tausende von Menschen durch die verschiedenen Gruppen niedergemetzelt. Und ich wollte dahin. Nicht aus Abenteuerlust, sondern wegen des vielen Geldes, das ich bekommen hätte.

Der Einsatz lief unter UNO-Mandat. Nicht nur ich, sondern auch einige meiner Kameraden wurden durch das Geld gelockt. Also bewarben wir uns für den Einsatz. Na ja, um ehrlich zu sein, wollten wir auch ein Abenteuer erleben. Denn der tägliche Dienst wurde immer langweiliger, da es immer das Gleiche war. Ich hatte nicht umsonst so viele Lehrgänge gemacht. Zu der damaligen Zeit wollte ich einfach etwas erleben. Wenn man auch noch auf Staatskosten nach Afrika konnte und nebenbei neben dem normalen Sold noch 110 US-Dollar pro Tag an Sold bekam, lockte das natürlich. Jemand, der sagen würde, auf das Geld würde er verzichten, war ein Lügner.

Nun, ich mache es kurz. Mein Kommandeur schrieb mich unabkömmlich. Ich war zu der Zeit Kommandant auf einem Leopard 2 und wir waren in der speziellen Grundausbildung.

Im Nachhinein war ich froh, dass ich nicht wegdurfte. Denn in der Zeit war das große Theater mit den Amerikanern. Viele von euch werden davon gehört haben, denn es wurde auch ein Film darüber gedreht. Black Hawk Down.

Wenn ich bedenke, dass ich dort unten gewesen wäre und vielleicht auch gestorben wäre, läuft es mir eiskalt den Rücken runter. Ich hatte also, wenn man es hart sah, meinem Kommandeur vielleicht sogar mein Leben zu verdanken. Damals sah ich das allerdings anders, und hatte eine Riesenwut auf meinen Chef.

Nun, ich war jung und wollte die Hintergründe nicht wahrhaben. Mein Kommandeur erklärte mir, warum er mich nicht gehen ließ. Er bot mir an, nach der speziellen Grundausbildung für sechs Monate nach Bad Frankenhausen zu wechseln. Des Weiteren konnte ich auch einen ABC-Lehrgang in Sonthofen machen.

Das alles wäre nicht möglich gewesen, wenn ich seinerzeit nach Somalia gegangen wäre. Beides war eine zeitbedingte Umsetzung. Bad Frankenhausen brachte mir sogar doppelten Sold ein. Vielleicht könnte man das als „Entschädigung" ansehen? Wobei es bei dieser Versetzung ging, erfahrt ihr in den nächsten Kapiteln.

Kapitel 19

ABC/SE-Lehrgang in Sonthofen

Das war in der Zeit vom 20. April 1993 bis 14. Mai 1993 ... Es war ein sehr schöner Lehrgang, aus dem ich viel gelernt hatte. Besonders, wie man mit Wasser in den Stiefeln und Handschuhen umging, oder wie man bei über 30 Grad in einem Zodiak „überlebte".

Die, die nicht beim Barras waren, werden sich vielleicht fragen, was ein Zodiak ist. Nun, das ist ein Anzug, der gegen A-B und C-Kampfstoffe genutzt wurde. Er bestand aus Gummi und der ein oder andere würde und wird so einen Anzug eventuell nutzen, um seine sexuellen Phantasien auszuleben. „ABC-Kampfstoffe" hieß im Übrigen atomare, biologische und chemische Kampfgürtel.

Er bestand aus zwei Teilen. Einer Hose, an der die Gummistiefel wie bei einer Anglerhose direkt mit der Hose verschweißt waren, und einem Oberteil, das wie ein Pullover war. Also ohne Reißverschluss. Dazu gehörten Handschuhe, die man sich vorstellen konnte wie Gummihandschuhe zum Abwaschen. Nur der Gummi war dicker. Die Hose hatte Hosenträger und wurde mit der Jacke zusammen eingerollt. So war gewährleistet, dass das Ganze absolut luftdicht war. An der Jacke befand sich eine Kapuze, die sich luftdicht um die vorher aufzuziehende ABC-Schutzmaske schloss.

Da das Ganze luftdicht war, konnte zwar kein Wasser eindringen, wenn es regnete, aber es konnte auch kein Wasser herauslaufen, wenn man schwitzte. Und schwitzen tat man in dem Anzug. Aber darauf komme ich später noch zurück.

Angefangen hatte der Lehrgang mit einer Fahrt nach Sonthofen von circa 600 Kilometern Entfernung von meinem Heimatstandort. Wir fuhren mit vier Mann im Privatauto.

Der Lehrgang sollte vier Wochen dauern und wir waren uns einig, dass wir nur einmal nach zwei Wochen nach Hause fahren würden.

Als wir in der, ich glaube sie hieß Jäger-Kaserne, Kaserne ankamen, in der ein ABC-Abwehr Bataillon beheimatet war, wurden wir herzlich begrüßt und uns wurden unsere Stuben zugewiesen. Wir wussten schon bei der Begrüßung, dass das Ganze zwar ein anstrengender Lehrgang werden würde, aber auch, dass wir nicht wie junge Rekruten behandelt werden würden. Nachdem wir unsere Stuben bezogen hatten, wir lagen zu viert auf jeder Stube, rückten wir in den U-Raum ein und bekamen gesagt, was wir alles auf dem Lehrgang zum ABC- Abwehr-Unteroffizier lernen würden.

Dann ging es mit der Theorie los. Im Einzelnen weiß ich nach 26 Jahren nicht mehr, was wir lernen sollten. Aber es ging natürlich ausschließlich um die ABC-Abwehr. Woran ich mich noch erinnern kann, schreibe ich auf:

In der Theorie lernten wir alles Mögliche über A-B und C-Kampfstoffe, wie deren Abwehr. Es war viel Chemie dabei enthalten. Der Lehrgang war in der Regel so aufgebaut, dass wir vormittags Theorie hatten, und nach dem Mittag war die praktische Ausbildung. Bei der praktischen Ausbildung lernten wir zuerst einmal, wie man seine persönliche Schutzausrüstung in möglichst kurzer Zeit anlegte. Die bestand aus der „Gasmaske" und dem Poncho. Zum Anlegen davon hatten wir, glaube ich, 20 Sekunden Zeit.

Dann kam der Overgarment dran. Das ist der Anzug, der aus Hose und Jacke, auch ähnlich wie ein Pullover geschnitten, bestand. Er war aus zwei Lagen hergestellt. Zwischen den Lagen befand sich Kohlenstaub, der die Kampfstoffe vom Körper fernhielt. Dazu hatten wir zwei Minuten Zeit. Wir übten den gesamten Nachmittag das An- und Ausziehen. Danach folgte der Umgang mit dem Zodiak.

Doch es gab noch anderes, das wir lernten. In der Kaserne war ein Gelände aufgebaut, auf dem unter anderem ein komplettes Flugzeug stand und viele verschiedene Fahrzeuge, inklusive einigen alten Panzern. Unsere Ausbilder versteckten für uns an diesen Fahrzeugen radioaktives Material, das wir mit unseren Messgeräten und Geigerzählern aufspüren und markieren mussten. Später mussten wir das Material vorschriftsmäßig abtransportieren. Bei dem radioaktiven Material handelte es sich natürlich nur um schwach strahlendes Zeug. Dessen bin ich mir sicher, weil ich Jahre später noch zwei Söhne zeugte.

Wir machten diese Übung erst im Overgarment, danach im Zodiak. Dort war es von den Temperaturen erträglicher. Aber von Tag zu Tag wurde es wärmer. Schließlich hatten wir Frühsommer.

Da wir auch aus unseren Fahrzeugen, in diesem Fall hatten wir in der Jäger-Kaserne den ABC-Spürpanzer Fuchs zur Verfügung,

Kampfstoffe aufspüren mussten, übten wir das auch. Der Vorteil dabei war, dass wir in diesen Radpanzern keine Schutzanzüge tragen mussten, weil diese Panzer ABC sicher waren. Das waren unsere Kampfpanzer Leopard 2 auch.

Das Aufspüren der Kampfstoffe wurde folgendermaßen durchgeführt: Aus dem Fahrzeug konnte man durch eine Art Gummischleuse eine Vorrichtung stecken, mit der man mit Kampfstoffspürpapier den Boden abtastete. Dann konnte man an der Verfärbung des Papieres feststellen, ob das Gebiet verseucht war. Das bezog sich allerdings nur auf biologische und chemische Kampfstoffe. Atomare Verseuchung wurde schließlich mit dem Geigerzähler gemessen.

Diese Übungen waren angenehm. Als wir jedoch mit einem Leopard 2-Panzer übten, ging der Stress los. Waren Sie schon einmal bei einem Tag der offenen Tür der Bundeswehr? Wenn ja, dann wissen Sie, wie eng es bei voller Besetzung in einem Kampfpanzer Leopard 2 sein konnte.

Der Kommandant sitzt etwas erhöht hinter dem Richtschützen. Stellen Sie sich vor, Sie gehen in Ihre Besenkammer von vielleicht 2qm^2, stellen einen Stuhl auf den Boden, einen anderen Stuhl auf ein etwa 40 Zentimeter hohes Podest dahinter. Dann setzten Sie sich auf den erhöhten Stuhl und Ihre Frau davor. Danach schließen Sie die Tür und versuchen, sich eine Anglerhose und einen dicken Pullover anzuziehen. Wenn Sie das gemacht haben, wissen Sie, was wir durchmachten.

Die Luken des Panzers waren natürlich geschlossen, wir waren schließlich in verseuchtem Gebiet und die ABC-Schutzbelüftung war aktiv. Also gab es keinen frischen Sauerstoff. Und zur Krönung des Ganzen, herrschten über 30 Grad Außentemperatur.

Nachdem wir den Zodiak angezogen hatten, fuhren wir aus dem verseuchten Gebiet heraus, und der Kommandant saß vom Panzer ab und ging vor dem Panzer her, um mit Kampfstoffspürpapier zu testen, wie weit das Gelände verseucht war. Warum wir den Zodiak nicht außerhalb des Panzers anziehen durften, wir mussten zum Absteigen sowieso das verseuchte Gebiet verlassen, kann ich Ihnen nicht sagen.

Als wir fertig waren und uns endlich den Zodiak ausziehen durften, natürlich erst, als wir am Reinigungspunkt waren und mit einem Feuerwehrschlauch abgespritzt waren, lief uns das

Schweißwasser aus den Stiefeln und den Handschuhen. Apropos Reinigungspunkt. Der hieß bei uns Dekontaminierungspunkt.

Der bestand aus einem Zelt, in dem man die verseuchten Klamotten ausziehen konnte, eine Dusche nehmen musste und neue Uniformen bekam. Vorher wurde man von zwei Soldaten der ABC-Abwehrtruppe mit einem Schlauch abgespritzt und mit Seife und einem Besen geschrubbt.

Fakt ist, dass wir uns wie kleine Kinder freuten, als uns die Kameraden mit kaltem Wasser aus einem Feuerwehrschlauch säuberten.

Ich glaube, der Marsch über eine Stunde in dem Zodiak war das Schlimmste, das ich in meiner Bundeswehrzeit erdulden musste. Abgesehen von dem Beschuss durch unsere eigene Artillerie in Kanada. Aber dazu mehr in einem anderen Kapitel. Aber nun genug von der Ausbildung und etwas über die Dinge, die wir in Sonthofen so erlebt hatten.

Wir waren zu viert auf unseren Stuben. Wir hatten nun das Problem, dass wir einen Schnarcher auf der Stube hatten. Als es eines Nachts nicht mehr auszuhalten war, trugen wir den Kameraden mit seinem Bett auf den Flur. Er schlief so fest, dass er nicht mal aufwachte, als wir ihn auf dem Flur abstellten.

Als er am nächsten Morgen aufwachte, war er natürlich komplett neben der Spur, weil er zuerst nicht wusste, wo er war. In der nächsten Nacht dasselbe. Aber diesmal hatte der Kamerad vorgesorgt und sein Bett mit einem Seil an der Heizung festgebunden. Außerdem lag sein aufgeklappter Spaten griffbereit unter seinem Bett. Wir wollten ihn wieder auf den Flur tragen, aber er wurde wach, weil wir das Bett nicht wegbekamen und es ziemlich ruckelte.

Er drehte vollkommen durch und drohte uns, uns mit dem Klappspaten fertig zu machen. Das hätte er aber nie getan. Er war ein Lieber.

Wir lösten die Situation am nächsten Morgen und sprachen mit unserem Major. Der sorgte dafür, dass der Kamerad eine Einzelstube bekam. So konnten wieder alle durchschlafen.

Innerhalb der Kaserne gab es sogar ein ABC-Museum. Dort waren nahezu alle Abwehrmittel gegen ABC-Kampfstoffe ausgestellt. Das fing bei den ersten Schutzmasken aus dem ersten Weltkrieg an und endete in der Gegenwart. Am beeindruckendsten waren die Masken für die Pferde. Denn im Ersten Weltkrieg war das Hauptmittel zum Fortbewegen das Pferd.

Außerdem war dort ein Grabensystem aufgebaut, in dem ein Giftgasangriff nachgestellt wurde. Da wir ansonsten nicht allzu viel auf dem Lehrgang an Theorie lernen mussten, nutzten wir abends unsere Zeit, um nach Oberstaufen zu fahren.

Denn es gab den Spruch unter den Soldaten: Willst'e f… und saufen, fahr nach Oberstaufen!

Oberstaufen war ein Mark, dass die 44 Gemeinden umfasste, und viele Kurhäuser und somit auch viele weibliche, einzelne Kurgäste jeglichen Alters bot. Und was macht der Soldat, wenn er abends in einen Kurort fuhr? Er ging tanzen und schleppte eine Frau ab, mit der er ein paar schöne Stunden verbrachte.

Wir hatten einen Kameraden, der dieses besonders gut beherrschte. Es verging kaum ein Abend, an dem er nicht eine Frau abgriff. Böse Zungen behaupten sogar, dass er sich seine Liebesdienste bezahlen ließ. Nun, wie dem auch sei, wir hatten unseren Spaß.

Gegen Ende des Lehrganges hatten wir den obligatorischen Lehrgangstag. An diesem Tag machte man meistens eine Wanderung oder Bootsfahrt. Jedenfalls nichts, was komplett auf den Dienst ausgelegt war. Heute würde man sagen: Einen Spaß-Tag.

Wir mussten an diesem Tag in der Nähe von Sonthofen durch die Starzachklamm laufen. Unser Ziel war eine Gaststätte am Ende der Klamm.

Als wir ungefähr die Hälfte geschafft hatten, ließ uns der Major anhalten und es entwickelte sich folgendes Zwiegespräch zwischen dem Major und einem Unteroffizier:

„Herr Unteroffizier, Sie sind doch bei der Panzertruppe?"

„Jawoll, Herr Major."

„Was halten Sie von diesem Gelände, ihre Truppengattung betreffend?"

„Nichts, Herr Major. Es ist für die Panzertruppe ungeeignet!"

„Sehr richtig, dienstlicher Auftrag erfüllt. Wir marschieren weiter, meine Herren, das Bier wird warm."

Wir gingen weiter und erreichten nach etwa einer Stunde die besagte Gaststätte. Dort wartete kühles Bier und die erste Runde ging auf unseren Major. Zurücklaufen mussten wir nicht, da wir erfuhren, dass wir mit einem Bus abgeholt werden würden. Dementsprechend war der Alkoholpegel hoch. Keiner war mehr nüchtern. Unteroffiziere und Offiziere waren blau wie die meisten.

Es war ein sehr schöner Tag. Ehrlich gesagt, der beste auf dem ganzen Lehrgang. Obwohl ich sagen musste, dass wir viel gelernt und gesehen haben.

Ich sage nur: Oberstaufen.

Dann kam der Tag der Abreise und wir wurden mit unseren Urkunden für einen weiteren bestandenen Lehrgang in unsere Stammeinheiten zurückgeschickt. Da Freitag war und wir über 600 Kilometer vor uns hatten, wären wir erst am späten Nachmittag in unserer Kompanie angekommen. Also fuhren wir direkt nach Hause und mussten erst Montag wieder zum Dienst erscheinen.

Unsere Lehrgruppe in Sonthofen, vordere Reihe Mitte SU Trube

Kapitel 20

Zeitlich begrenzte Versetzung nach Bad Frankenhausen

Im Jahre 1993, direkt nach dem Ende der speziellen Grundausbildung in meinem Standort, wurde ich für sechs Monate nach Bad Frankenhausen in Thüringen versetzt. Das auf eigenen Wunsch, da es mit Somalia nicht geklappt hatte.

Warum ich in den „Osten" gegangen war, hatte ich bereits erläutert. Ich wollte aus dem stumpfen Dienst raus und etwas erleben. Außerdem lockte das Geld.

Da ich nicht nach Somalia durfte, war das eine andere, gute Möglichkeit.

Ich war also nach Bad Frankenhausen gefahren und hatte mich an einem Montagmorgen zum Dienst gemeldet. Die Kaserne, die 1994 Kyffhäuser-Kaserne umbenannt wurde, hieß vorher Robert-Uhrig-Kaserne. Robert Uhrig war ein Kommunist und nach denen wurden die Kasernen in der ehemaligen DDR (Deutsche Demokratische Republik) benannt.

Zur Kaserne im Einzelnen: Die Kaserne wurde 1965 geplant und in der Zeit von 1968 bis 1972 erbaut.

Damals, zu NVA-Zeiten (Nationale Volksarmee), war dort ein Mot-Schützen-Bataillon stationiert.

Als ich 1993 dort eintraf, war in der Kaserne ein Panzerbataillon beheimatet.

Ich wurde in den sechs Monaten, die ich dort diente, in der Ausbildungskompanie eingesetzt. Das war auch besser so, denn als Aufklärer in einem Panzerbataillon zu dienen, war kein Zuckerschlecken. Man wurde von den „Panzerbullen" schief angeschaut, wenn man mit seinen goldgelben Litzen durch die Kaserne ging. Aber es war damals so, dass man sich gegenseitig ärgerte. Gerade zwischen Aufklären und Panzerleuten. Die hießen bei uns nur Panzerbullen und wir sagten ihnen nach, dass sie „breit fuhren und schmal dachten". Im Gegensatz dazu betitelten uns die Panzerleute als „Aufklatscher".

So war jeder stolz auf seine Truppengattung.

Aber wir waren vor den Panzerbullen da, weil wir die Nachfolger der Kavallerie waren und diese viel später kamen. So viel zum Truppengattungsstolz.

Wie dem auch sei, ich gewöhnte mich schnell ein und wurde nach einigen Tagen auch akzeptiert. Ansonsten lief die Grundausbildung, die ich durchzuführen hatte, genauso ab, wie die Grundausbildungen im Westen. Also eine Schießausbildung mit Balkenkreuzzielen, Formaldienst (mit Soldaten Ping-Pong), Gefechtsausbildung, ABC-Ausbildung (ich war durch meinen Lehrgang in Sonthofen dafür prädestiniert).

Sicher stellt sich nun der eine oder andere die Frage, was das Soldaten-Ping-Pong war?

Das ist eigentlich ganz einfach.

Wenn man Formalausbildung machte, also versuchte, den Soldaten das Marschieren im Gleichschritt beizubringen, hatte man eigentlich immer jemanden dabei, der keine Lust dazu hatte und sich einen Spaß daraus machte, den Schritt zu verschleppen. Also: absichtlich einen anderen Schritt oder Schrittfrequenz anzustreben. Das sah man bei einer Truppe, die im Gleichschritt ging, natürlich sofort. Und nicht nur bei dem betreffenden Soldaten, sondern auch bei allen anderen, die dahinter marschieren. Nun ist es so, dass, wenn der Vorgesetzte, in dem Fall der Gruppenführer, der die Gruppe oder den Zug ausbildete, das bemerkte und zu dem Entschluss kam, dass der Soldat das mit voller Absicht machte. So wird der Vorgesetzte geeignete Maßnahmen ergreifen, um den Soldaten zu zeigen, wer das Sagen hat.

Es wird im Endeffekt ein Exempel statuiert.

Das sieht in der Regel so aus, dass der betreffende Soldat abends vor der Kompanie anzutreten und als Erstes seine Anzugsordnung von dem Gruppenführer zu überprüfen hatte. Wie sich jeder denken kann, wird der Anzug natürlich nicht in Ordnung sein und der Soldat wird im Laufschritt auf die Stube geschickt, um seine Anzugsordnung zu verbessern. Dies konnte bis zu vier Mal passieren. Dann wird der Soldat in der Regel noch einmal nach oben geschickt, um seinen Schuhputz zu verbessern. Manchmal auch mehrmals. Je nachdem, wie sehr sich der Gruppenführer aufgeregt hatte.

Ist endlich Anzug und Schuhputz in Ordnung, marschierte der Führer mit dem betreffenden Soldaten zum Ausbildungsplatz, bei uns Ex-Platz (Exerzierplatz) genannt.

Dort angekommen, stellt der Soldat fest, dass ein weiterer Dienstgrad schon auf dem EX-Platz wartete. Unser Ex-Platz hatte ungefähr eine Ausdehnung von etwa 60 mal 80 Metern. Schließlich wurde dort immer das vierteljährige Antreten des Bataillons durchgeführt.

Nun ging der Spaß los. Allerdings war es nur ein Spaß für die Vorgesetzten. Denn sie stellten sich diagonal an zwei Ecken des Platzes auf, ehe jemand schrie: „Panzerschütze (nennen wir ihn Müller) antreten, Marsch, Marsch!"

Der arme Tropf musste die ganze Strecke, und bei einer Fläche von 60 mal 80 Metern war das nicht wenig, zu dem rufenden Vorgesetzten rennen und sich in Grundstellung vor diesem aufbauen. Zur Entfernung sei gesagt, dass man sich das mit Hilfe einfacher Mathematik ausrechnen konnte, wie viele Meter er laufen musste.

Kaum war er angekommen, so rief der zweite Vorgesetzte aus der anderen Ecke: „Panzerschütze Müller antreten, Marsch, Marsch!" Und schon lief er wieder los, um den auszuführen.

Dieses Prozedere wurde normalerweise ungefähr 30 Minuten ohne Pause durchexerziert.

Dann wurde eine Runde über den Platz marschiert und in der Regel funktionierte der Formaldienst. Wenn nicht, wurde nochmal eine halbe Stunde Ping-Pong mit dem Soldaten gespielt.

Ich denke, nun weiß jeder, was Soldaten-Ping-Pong war. Eine sehr wirksame Methode.

Zur Information sei noch gesagt, dass die Dienstgrade sich natürlich zuvor bei ihrem Kompaniechef rückversicherten und sich diese Aktion schriftlich genehmigen ließen.

Wir hatten damals in Bad Frankenhausen einen alten NVA-Hauptmann, der jahrelang in der NVA gedient hatte, und bei ihm wurden die Soldaten nicht immer wie Menschen behandelt. Er hatte einen straffen Führungsstil, aber nur dem gemeinen Soldaten gegenüber. Nicht aber uns Vorgesetzten. Was das hieß, sollten wir kurz danach erfahren.

Unser Gefechtstag, also der Tag, an dem wir im Gelände unterwegs waren, war immer donnerstags.

Es gab natürlich auch Soldaten, die nicht an diesem Tagen mitmachen wollten, weil ihnen das zu anstrengend war. Es waren immer dieselben Soldaten, die sich am Morgen des Gefechtstages in die Krankenabteilung entschuldigten. Sie meldeten sich morgens bei Antreten mit dem Wissen krank, dass sie nicht mit nach draußen mussten. Es sei gesagt, dass wir bei jedem Wetter raus gegangen waren.

Nun, eines Tages fragte unser Hauptmann, wie viele Soldaten sich am heutigen Gefechtstag krankgemeldet hätten. Wir sagten ihm, dass es diesmal wieder drei waren.

Er sagte: „Das haben wir gleich, denen werde ich das Wasser im Arsch zum Kochen bringen!" Danach war er verschwunden. Später erfuhren wir, dass unser Chef im San-Bereich angerufen hatte und mit dem Stabsarzt, der ebenfalls alter NVA-Offizier war, ein Gespräch geführt hatte.

Ergebnis: Die drei betreffenden Soldaten wurden über das gesamte Wochenende stationär im San-Bereich aufgenommen und bekamen jeweils ein Einzelzimmer mit Fernsehverbot, sowie aufgrund der Erkrankung auch Besuchsverbot. Zum Lesen bekamen sie lediglich die Bibel. Glaubt mir, es gab danach keinen Gefechtstag, an dem auch nur ein Soldat fehlte.

Eine harte, aber sehr wirkungsvolle Methode.

Damals war das noch möglich. Heutzutage geht das sicher nicht mehr, weil sich die Soldaten von heute gleich einen Anwalt nehmen oder sich an den Wehrbeauftragten wenden. Alles Weicheier!

Nun zu der großen Ausnahme.

Diese bestand darin, dass es in der Kaserne noch keine G3 Gewehre gab. Es wurden die Kalaschnikow der NVA übernommen und wir führten die Waffenausbildung mit diesen Waffen durch.

Dazu mussten wir „Wessis" natürlich erstmal selber an der Kalaschnikow ausgebildet werden. Und glaubt mir, das war anfangs hart. Denn unsere Ausbilder waren, wie auch nicht anders zu erwarten, ehemalige NVA-Dienstgrade.

Ein großer Vorteil bei der Kalaschnikow war, dass sie aus wenigen Teilen besteht. Viel weniger als das G3 und auch die Passungen waren weitaus größer gefasst. Man sagte, der Kalaschnikow nach, dass man sie in ein Schlammbad legen konnte, das Wasser aus dem Lauf fließen ließ und sofort damit schießen konnte. Und ich sage euch: Das stimmt!

Das ging mit dem G3 nicht. Dafür war das G3 Gewehr aber zielsicherer. Aber das war zweitrangig, da die Kalaschnikow als Angriffswaffe, also zum Sturmabwehrschießen ausgelegt war. Das sah man am besten daran, dass die erste Stellung bei Entsichern der Waffe die Dauerfeuerstellung war. Will man Einzelfeuer schießen, musste man den Sicherungsbügel zwei Rasten nach unten drücken. Jedenfalls machte diese Waffe viel Spaß.

Zu meinem Gehalt sei gesagt, dass ich doppelten Sold bekam. Also ungefähr 3.200 DM. Das entspricht heute circa 1.600 Euro. Das war im Jahr 1993 sehr viel Geld. Heute würde dafür, glaube ich, kaum ein Soldat dienen. Und ich war schließlich Dienstgrad. Wie ihr mittlerweile wisst, ein Stabsunteroffizier. Das entsprach der Gehaltsklasse A6.

Nun, ich kassierte das Geld und viel zu schnell waren auch diese sechs Monate zu Ende und ich musste zurück in meine Stammeinheit. Es war eine Zeit, die ich nicht mehr missen möchte.

Kapitel 21

Panzerfahrschule in Külsheim

Nachdem ich aus Bad Frankenhausen zurück war, machte ich ein paar Wochen normalen Dienst auf meinem Leopard 2. Dann bekam ich die Gelegenheit, den Führerschein für den Leopard 2 zu machen, den sogenannten F-Schein. Der Lehrgang ging vom 17. Juni 1993 bis 01. Juli 1993.

Ich wurde für zwei Wochen nach Külsheim zum Erwerb der Fahrerlaubnis für Kettenfahrzeuge F abgeordnet.

Als wir dort ankamen, merken wir gleich bei der Begrüßung, dass es ein lockerer Lehrgang sein würde. Wenigstens etwas, dass das Lernen und den Umgang mit uns betraf.

Als Erstes ging es natürlich mit grauer Theorie los. Wir lernten die Maße des Leopard 2 kennen, sein Gewicht und die Bedienung des Panzers aus Sicht des Kraftfahrers. Außerdem lernten wir viel über den Motor, Tiefwartfähigkeit und das Tauchen. Ja, sogar Tauchen war mit dem Panzer möglich. Das sah sehr lustig aus, wenn nur noch die Mündung des Kanonenrohres und der vier Meter hohe Tauchschacht aus dem Wasser ragten, in dem der Kommandant stand.

Alle anderen Besatzungsmitglieder mussten Tauchretter tragen, weil es sein konnte, dass wir einen Wassereinbruch bekämen. Den hatten wir tatsächlich auch einmal durch die Winkelspiegel des Fahrerplatzes gehabt. Aber das war nichts Wildes.

Wichtig war, dass man den Motor nicht absaufen ließ. Denn, wenn es so weit kam, würde es dunkel werden und der Panzer musste aus dem Wasser geschleppt werden.

Nun fällt mir gerade ein, was bei meiner Ausbildung zum Panzerkommandanten auf dem Uffz-Lehrgang noch passierte.

Wir waren mit unseren Panzern tauchen. Wenn man tauchen wollte, musste man den Panzer komplett abdichten. Also mussten alle Dichtgummis von den Winkelspiegeln dicht sein. Der Tauchschacht musste aufgebaut sein und die Turmdrehkranzdichtung musste aufgepumpt werden. Außerdem musste man alle Bodenventile schließen, was die Aufgabe des Ladeschützen war, der ich an diesem Tag war.

Der Motor zog im Übrigen seine Luft, die er brauchte, durch den Tauchschacht. Und das zog dort oben wie Hechtsuppe. Wäre das nicht der Fall, so würde der Motor seine Luft aus dem Kampfraum ziehen und die Besatzung wäre nach etwa fünf Sekunden ohne Sauerstoff und damit tot.

Nun, wir hatten den Tauchschacht aufgebaut und alles andere so weit abgedichtet. Nur hatte ich vergessen, das Bodenventil vom Motorenraum zu schließen. Das hieß also, dass unser gesamter Motorenraum voll mit Wasser lief.

Das fiel unserem Feldwebel auf, der am Ufer stand und sich das Schauspiel anschaute. Er funkte uns an und sagte lachend, dass ich als eingeteilter Ladeschütze ihm eine Kiste Bier schulden würde. Ich fragte natürlich warum, und er teilte mir mit, dass ein unaufhörlicher Wasserstrahl aus unserm Panzer laufen würde, wenn wir ans Ufer zurückfuhren.

Damit wusste ich, dass ich das Bodenventil vergessen hatte. So etwas passiert mir nie wieder. Es war eine teure Lektion, weil ich mit einer Kiste Bier für meinen Feldwebel nicht davonkam, sondern meine Besatzung auch eine solche einforderte.

Zu meinem Glück starb der Motor nicht ab und so bekam er keinen Wasserschlag. Das hätte etwa 400.000 DM gekostet. Aber nun genug von der Ausschweifung und zurück zur Fahrschule.

Nachdem wir die ersten Dinge erklärt bekommen hatten, war auch schon wieder Dienstschluss.

Am nächsten Morgen ging es mit der Einteilung weiter, wer morgens auf den Fahrsimulator ging und wer morgens Theorie hatte. Nachmittag wurde dann getauscht.

Die ersten Versuche im Simulator waren anspruchsvoll. Der Panzer fuhr sich zwar relativ einfach von der Steuerung her, weil er eine Halbautomatik hatte, aber die Abmessungen waren mit 3,50 Metern Breite sehr gewöhnungsbedürftig. Außerdem konnte der Fahrlehrer die Schneegreifer per Computer entfernen und damit ging es im Simulator auf einer glatten Straße rückwärts bergab, so dass der Panzer nicht zu halten war.

Interessant war, dass sich die Kabine, in der man saß, über Hydraulikstäbe in alle Richtungen bewegte. Dadurch hatte man im Inneren das Gefühl, dass der Panzer wirklich fuhr. Jede Bodenerhebung im Computerprogramm wurde an die Hydraulik weitergegeben und es war teilweise so, als wenn man auf einem Schiff bei starkem Seegang war. Aber es machte einen Riesenspaß. Wir fieberten der ersten Fahrt mit dem echten Panzer entgegen.

Als ich in der ersten Nacht nach der Simulator Fahrt im Bett lag und schlief, wachte ich plötzlich auf, weil ich einen heftigen Krampf in der rechten Wade hatte. Ein Kamerad half mir, weil ich vor Schmerzen nicht mehr an meinen eigenen Fuß kam, um den Krampf zu lindern. Das waren die Ausflüsse der Überanstrengung beim Bedienen des Gaspedals und beim Bremsen. Das war ich nicht gewohnt. Aber zu meinem Trost ging es den meisten Kameraden so.

Dann kam der Tag der ersten Fahrt mit einem richtigen Panzer.

Wir konnten alles vom Simulator-Training im wahren Leben umsetzen.

Besonders schön war es, wenn man im schweren Gelände eine Höhe überwinden musste. Fuhr man den Berg hoch, musste man Gas geben. Man sah eigentlich nichts vom Weg, sondern nur den Himmel. Hatte man den obersten Punkt erreicht, musste man das Gas wegnehmen, damit die Wanne nicht durchschlug. Ein guter Fahrer beherrschte das und fuhr schonend für seine Besatzung. Der Fahrer sitzt schließlich tiefer als die anderen Besatzungsmitglieder und dort spürte man das Durchschlagen der Wanne nicht so stark.

Leopard beim Tauchen. Hier ein Leo 1 A5

Das musste man sich so vorstellen, als wenn man mit einem Fahrrad über einen Hügel springen und nicht abfedern konnte, sondern die ganze Wucht mit seinem Hintern abfangen wurde. Nachdem wir auch das gemeistert hatten, kam der Tag der Prüfung.

Die verlief gut und wir bestanden alle sowohl den schriftlichen Teil als auch den technischen Teil. Auch die Prüfungsfahrt schafften alle. Nach diesen zwei Wochen Führerschein konnten wir uns voller Stolz als Panzerfahrer bei unserem Hauptmann in der Stammeinheit melden.

Kapitel 22

Wie ich von einem Hubschrauber abgeschossen wurde

Irgendwann waren wir im Rahmen der weiteren Ausbildung für unsere Soldaten auf unserem Standortübungsplatz unterwegs. Wir hatten den Auftrag, Spähtrupp zu fahren. Also wieder überschlagend mit Ausnutzung der Schatten durch die Bewaldung gehen und den Feind aufklären.

Ich war an diesem Tag als Zugführer eingeteilt und hatte den Befehl, über meinen Panzer und über zwei weitere Fahrzeuge meines Spähtrupps. Diese waren Alpha und Bravo genannt worden. Den gleichen Auftrag hatte allerdings auch der 2. Zug von uns.

Das war das Salz in der Suppe.

Das machte unseren Auftrag sehr interessant, da wir gegeneinander vorgingen und uns gegenseitig aufklären sollten. Dazu waren wir aus Richtung Westen eingesetzt worden und der 2. Zug aus Richtung Osten.

Unsere Leopard 2 waren dazu mit einer Laseranlage ausgerüstet. Diese war so gestaltet, dass wir in unserer Hauptwaffe einen Laser angebracht hatten, der über die Richtanlage gesteuert wurde. Am Turm unseres Panzers hatten wir Empfängerspiegel. Vier Stück pro Fahrzeug.

Sollten wir beschossen und getroffen werden, ging unsere Rundumkennleuchte an und wir bekamen aus dem Drucker in unserem Panzer einen Ausdruck, inwieweit wir beschädigt oder gar vernichtet wurden. Das berechnete der Computer je nachdem, wo wir getroffen wurden. Dazu brauchten wir die Empfängerspiegel an unseren Fahrzeugen.

Als wir aus dem Wald in Richtung einer offenen Fläche vorfahren wollten, hielten wir kurz am Waldrand an, um die Lage erstmal aufzuklären, bevor wir weiter über die Fläche unter Deckung des Alpha und des Bravo-Panzers vorgehen wollten.

Wir sahen allerdings keine Feindpanzer und fuhren zügig vor. Etwa 300 Meter vor uns war eine Vertiefung im Gelände, die wir als Deckung nutzen wollten. Nach vorne in Feindrichtung war die Stellung so gestaltet, dass aus Feindrichtung nur der Panzerturm zu sehen war.

Ich befahl meinem Alpha und meinem Bravo mein schnelles Vorgehen zu decken, falls in dem Moment, wo wir vorgehen wollten, Feindfahrzeuge auftauchen würden. Meine beiden „Deckungen" bestätigten den Befehl und so gab ich meinem Kraftfahrer den Befehl, in die Stellung vorzurücken. Wir kamen ohne Probleme dort an und wollten das Nachziehen des Alphas und danach den Bravo decken.

Plötzlich ging meine Kennleuchte an und der Drucker begann zu arbeiten. Ich sah auf den Ausdruck und stellte fest, dass wir total vernichtet waren. Also kurz gesagt: Wir waren tot.

Ich fragte meinen Richtschützen, wo das herkam. Er sagte, dass er es nicht wisse, da er nirgends ein Feinfahrzeug aufklären könne. Ich fragte bei meinen beiden Deckungspanzern nach, aber auch diese bestätigten mir, dass sie nirgends ein Feindfahrzeug ausmachen konnten.

Ich schaute selbst über mein Turmzielfernrohr nach, konnte aber auch keinen Feind entdecken. Ich dachte: Alter Schwede, der 2. Zug muss eine super Deckung haben!

In diesem Moment hörte ich die Stimme meines Ladeschützen über BV (Bordverbindung).

Er sagte: „Stuffs, ich glaube ich weiß, wer uns vernichtet hat."

Daraus ergab sich folgender Dialog:

Ich: „Wer denn, wo stehen die?"

Er: „Nicht stehen, eher fliegen."

Ich: „Wie fliegen?"

Er: „Na eben fliegen, schau einfach mal nach hinten."

Ich: „Wie hinten?"

Ich steckte meinen Kopf aus der Kommandantenluke und blickte hinter unseren Panzer. Was ich sah, machte mir klar, warum wir nicht nur angeschossen, sondern total zerstört waren. Circa 250 Meter hinter uns schwebte ein Panzerabwehrhubschrauber des Typen Bo 105.

Er hatte sich hinter dem Wald versteckt und nur darauf gewartet, dass wir in unsere Stellung fuhren. Als wir diese erreicht hatten und das Vorgehen unserer beiden Kameraden decken wollten, stieg er auf und schoss uns ab. Die anderen beiden Besatzungen konnten ihn nicht sehen, da sie noch am Waldrand standen.

Hören konnte man den Hubschrauber auch nicht, weil unsere Motoren liefen, alle ihre Sprechsätze auf den Ohren hatten und der Wald die Geräusche der Rotoren dämmte.

Ich wusste in diesem Moment, dass ich in Zukunft meinen Ladeschützen nach hinten sichern lassen musste. Es war eine schmerzhafte Erfahrung. Aber die sind bekanntlich die besten. So etwas vergaß ich nicht.

Dass wir von einem Hubschrauber abgeschossen wurden, war eigentlich nicht geplant. Wir wussten nicht, dass er in die Übung eingebaut war. Ehrlich gesagt, war das auch nicht vorgesehen. Es war vielmehr so, dass die Bo 105-Besatzung auf einem Übungsflug war und uns üben sah. Also nutzten sie die Möglichkeit, ebenfalls zu üben und nahmen mich und meinen Panzer ins Visier

Sie schossen und trafen. Da sie ebenfalls Lasertechnik an Bord hatten, reagierten unsere Empfänger am Panzer und die Kennleuchte fing an, sich zu drehen.

Der Pilot des Hubschraubers salutierte uns (er hob die Hand zum militärischen Gruß) und tauchte wieder hinter dem Wald ab. Kurz darauf kam er um die Ecke geschossen, überflog uns in etwa fünf bis zehn Metern Höhe und verschwand hinter dem nächsten Waldstück.

Wir setzten unseren Spähtrupp fort, nachdem wir unsere Anlage wieder klargeschaltet hatten.

Am Nachmittag besprachen wir das Ganze in der Kaserne als Nachbereitung und stellten fest, dass keine Besatzung daran gedacht hatte, den Ladeschützen nach hinten sichern zu lassen. Das sollte uns nie wieder passieren.

Diese BO 105 schoss uns damals simuliert ab

Kapitel 23

Ein weiterer Übungsplatzaufenthalt mit dem Leopard 2

Warum schreibe ich an dieser Stelle von dem Übungsplatzaufenthalt im Leopard 2? Nun, ganz einfach: Bei einem Übungsplatzaufenthalt passierte zwar ein Unfall, aber der war „nur" insofern wichtig für dieses Kapitel, da er mich bei dem Aufenthalt betraf. Jedoch hätte der Unfall schrecklich ausgehen können. Darum eine kurze Schilderung des Vorfalls, um eine Verbindung zu meinem „Pech" zu bekommen.

Also, beim ersten Übungsplatzaufenthalt ergab es sich so, dass der Ladeschütze in einem unserer Panzer das Blenden MG ausbauen sollte, welches koaxial mit der Hauptwaffe verbunden war. Dummerweise führte der Ladeschütze vor dem Ausbau keine Sicherheitsüberprüfung beim MG durch.

Er schaute also nicht in das Patronenlager der Waffe, sondern entnahm nur den Munitionsgurt aus der Waffe. Beim Ausbau des MG löste sich der verbliebene Schuss und schlug durch das Bodenblech in die Wanne. Dort kreiste sie und zerschlug einige Kabel.

Zum Glück flog sie nicht im Turm (Kampfraum) umher. Der Panzer war aber mit vier Mann besetzt, also der vollen Besatzung, die eng im Panzer saß.

Es gab glücklicherweise keine Verletzten.

Der Leopard 2 ging für einige Wochen in die Instandsetzung, bis er als „repariert" wieder bei uns war. Dies zur Vorgeschichte.

Vor unserem Übungsplatz bekam ich diesen Panzer als Kommandant zugeteilt, da meiner ebenfalls zur routinemäßigen Inspektion musste. Als wir nun mit meinem „neuen" Leopard 2 übten und das Fahrzeug überprüften, machte sich der Turm beim RPP-Test selbstständig. Das hieß in diesem Fall, dass sich der Turm drehte, obwohl mein Richtschütze die Steuerung nicht betätigte.

Der RPP-Test ist ein Test zur Überprüfung des Rechners und der Waffenanlage.

RPP heißt Rechnergesteuertes-Panzer-Prüfsystem.

Nun, ich meldete den Fehler und dass er nicht nur einmal vorgekommen ist.

Nun stand aber der Übungsplatz bevor und mein Chef wollte, dass der Panzer mit ins Manöver geht. Ich schrieb eine Meldung, um mich abzusichern, falls etwas passieren sollte. Diese Meldung schickte ich an meinen Stabsbereich. Früher ging das alles noch in Papierform und nicht per E-Mail. Dementsprechend wurde meine Eingabe auch bearbeitet und blieb irgendwo auf dem Weg hängen.

Resultat: Der Leopard 2 ging mit auf den Übungsplatzaufenthalt.

Dann kam es so, wie es kommen musste. Wir hatten unser erstes Schießen. Es gab keine Probleme mit der Hauptwaffe, also unserer 120 Millimeter Kanone. Als wir den Infanterie-Feind bekamen und mein Richtschütze auf das Blenden-MG umstellte und schoss, passierte es. Normalerweise gab man kurze Feuerstöße ab und wechselt das Ziel. Mein Richtschütze drückte also auf den Knopf und das MG begann zu rattern. Allerdings hörte das Schießen nicht auf und ich schreie, er solle aufhören zu schießen.

Mein Richtschütze saß jedoch mit erhobenen Händen vor mir und rief: „Ich mache gar nichts!"

Das MG verschoss in einem einzigen Feuerstoß die ganzen 200 Patronen. Das war eigentlich ohne eine Störung nicht möglich. Aber dadurch, dass wir den Patronengurt sehr gut eingeölt hatten, machte das MG diese Tortur mit. Das MG hatte einfach Kriechstrom bekommen. Das aus dem Grund, dass sowohl die Bordkanone als auch das Blenden-MG mittels Stromfluss gezündet werden.

Ergebnis: Das Rohr wurde so heiß, dass es die Farbe von schwarz auf hellrot wechselte. Wir mussten fast eine halbe Stunde warten, bis wir das Waffenrohr mit Handschuhen auswechseln konnten.

Auch das meldete ich an meinen Hauptmann. Das interessierte ihn aber nicht. Obwohl ich nochmals zu bedenken gab, dass der Panzer einen Fehler hätte, der durch den Schuss in die Wanne ausgelöst wurde, entschied er, dass der Leopard 2 weiterhin am Schießen teilnehmen sollte.

So kam es, wie es kommen musste. Am nächsten Tag, als wir mit allen Panzern auf der Schießplatte standen, einer dicht neben dem anderen, passierte das Unglück. Wir sollten alle unsere Bordkanone laden und so schob mein Ladeschütze eine KE-Patrone in das Rohr. KE bedeutete, dass es ein Geschoss war, das keinen Sprengsatz hatte, sondern aus einem Wolframstahl bestand und etwa 30 Zentimeter lang war und circa drei Zentimeter im

Durchmesser aufwies. Die Wirkung der Zerstörung bestand im Grunde genommen aus der Geschwindigkeit des Geschosses. Im Falle des Leopard 2 war das immerhin eine fünfstellige Schallgeschwindigkeit. Also: KE für kinetische Energie.

Wir hatten ein Geschoss in der Kanone und unser Turm machte sich wieder einmal selbstständig und drehte von selbst nach links. Unglücklicherweise stand dort ein anderer Panzer und unser Kanonenrohr verkeilte sich im Turm des Nachbarn.

Ich schrie nur: „Was machst du da?" Ich wollte gerade meinem Ladeschützen sagen, er solle sofort das Geschoss aus dem Rohr nehmen.

Der hatte aber reagiert und hatte schon den Verschluss geöffnet und war dabei, „den Aal" herauszunehmen. Wenn der Schuss losgegangen wäre, hätte es Tote gegeben. Einerseits die Besatzung des Nachbarpanzers, anderseits auch wir. Denn einen aufgesetzten Schuss mit fünffacher Schallgeschwindigkeit hätte keiner überlebt.

Es dauerte nicht lange, bis über Funk das Geschrei zu mir durchdrang, ich solle entladen. Das war mein Hauptmann.

Ich bekam eine solche Rüge von ihm, dass ich nicht mehr wusste, ob ich Männchen oder Weibchen bin. Ich wollte mich verteidigen, das ließ er aber nicht zu, weil er in solcher Rage und wahrscheinlich auch geschockt war. Als er fertig war, durfte ich mich äußern. Ich hätte das gerne schriftlich gemacht, aber als ich sagte, dass ich den Schaden des Panzers schon vor Wochen gemeldet hatte, war die Sache damit erledigt. Es folgten die typischen Worte, wenn etwas vertuscht werden sollte:

„Zum Glück ist nichts passiert."

„Das kommt nicht in Ihre Akte."

„Schwamm drüber."

„Wir regeln das schon."

„Sie brauchen keine Angst zu haben."

Es war das Übliche. Ich frage mich nur, warum mir gesagt wurde, ich bräuchte keine Angst zu haben. Ich hatte schriftlich, dass ich den Schaden gemeldet hatte. Der Einzige, der Angst um seine Karriere haben sollte, war mein Chef.

Der Panzer wurde übrigens mit einem Schwerlasttransporter Marke „Elefant" in die Hauptinstandsetzung-Division gebracht und kam nach einigen Wochen wieder zurück zu uns. Er wurde durch den Hersteller Kraus-Maffay komplett neu verkabelt.

Wodurch der Kriechstrom verursacht wurde, oder wo der Fehler lag, hatten wir nie erfahren. Auf jeden Fall hatten wir nie wieder Probleme mit dem Fahrzeug

Kapitel 24

Gefechtsschießen verbundener Waffen

Ich weiß nicht mehr genau, wann wir in Baumholder auf dem Übungsplatz ankamen. Aber ich erinnere mich noch sehr gut daran, dass wir für ein Gefechtsschießen der verbundenen Waffen eingeteilt waren und für die Vorstellungen vor Nato-Generalen schon Tage vor dem großen Ereignis Stunde um Stunde übten. Die Übung war groß aufgehängt und wir hatten die Aufgabe, einen Angriff nach Artillerie-Vorbereitung zu fahren.

Außer uns waren eigentlich alle Truppengattungen bei dieser Vorführung zugegen. Die Rohrartillerie mit M 109 Haubitzen. Die Raketen-Artillerie mit Mars und Lars Raketenwerfern. Die Flugabwehr mit Roland und Gepard. Ein Panzerbataillon mit Leopard 2. Wir Aufklärer mit Luchs und Leopard 2, Pioniere mit Dachs, Keiler, Büffel und Biber. PAH (Panzer-Abwehr-Hubschrauber) BO 105 und die Luftwaffe mit Tornados, sowie Grenadiere mit Mardern.

Letztere, also die Grenadiere, waren uns mit wenigen Mardern zugeteilt und sollten uns bei unserem Angriff begleiten. Um das Ganze für die Herren Generale aus vielen Nato-Ländern anschaulicher zu machen, wurde von den Pionieren eine große, drehbare Tribüne aufgebaut und auch eine riesige Leinwand. Die Tribüne wurde drehbar aufgebaut, damit die Offiziere das Treiben verfolgen konnten. Die Leinwand war dazu gedacht, dass sie genau sehen konnten, wie die Hubschrauber, aber auch wir, schossen.

Dazu muss ich etwas weiter ausholen.

Wir montierten vor den Einblick des Hauptzielfernrohres (HZF) des Richtschützen eine kleine Kamera, die durch die Optik filmte. Dadurch konnte man in Live-Übertragung auf der Leinwand genau das sehen, was der Richtschütze in unseren Panzern sah. Sollte also ein Feind bei unserem Gegenangriff ins Ziel genommen und abgeschossen werden, konnte man das Anrichten und das Abschießen genau so sehen, wie es der Richtschütze sah. Das Gleiche galt für Abschüsse, die von den BO 105 gemacht wurden.

Während wir mit den Grenadieren und ihren Mardern übten, stellten wir fest, dass die Marder wegen ihrer Untermotorisierung nicht mit uns Schritt halten konnten. Sie waren im Gelände zu langsam. Also mussten wir uns anpassen und durften nicht schneller als 30 Km/h fahren. Hätten wir so fahren dürfen, wie wir es konnten, hätten wir mit 50 bis 60 Km/h angegriffen.

Nur gut, dass wir geübt hatten.

Dann kam der Tag der Vorführung. Wir standen weit ab der Haupttribüne am Rande des Zielgebietes, weil wir nach der Artillerie-Vorbereitung einen Angriff fahren sollten.

Wir warteten und die Vorführung begann mit dem Überflug von zwei Tornados, die Übungsbomben abwarfen. Es war ein Höllenlärm, als die beiden Flugzeuge im Tiefflug über die Schießbahn flogen. Danach kamen die Hubschrauber hinter der Tribüne hoch und flogen niedrig über die Tribüne, die sich in die Kampfrichtung der BO 105 drehte. Die Heeresflieger schossen zwei Feindpanzer ab, die durch zwei alte M 48 Panzer als Hartziele fungierten. Direkt im Anschluss schoss die Artillerie Sperrfeuer mit Raketen und Granaten. Dann kam auch schon unser großer Auftritt und wir fuhren unseren Angriff quer über die Schießbahn.

Wir schossen auf die Hartziele und auf Panzerscheiben. Die Grenadiere begleiteten unseren Angriff und unterstützten ihn durch Abfeuern ihrer Bord-Maschinenkanonen, um die feindliche Infanterie zu vernichten. Dann setzten die Soldaten von ihren Mardern ab und gingen in den Häuserkampf über. Wie gesagt, unser Schießen mit den Leoparden wurde direkt auf die große Leinwand projiziert und man sagte uns im Nachhinein, dass die Stabsoffiziere total begeistert waren.

Als wir mit unserem Angriff fertig waren, legte der Biber seine Faltbrücke und wir fuhren mit deren Hilfe über einen Graben, der zuvor von den Dachsen ausgehoben worden war. Um auch den Bergepanzer Büffel vorstellen zu können, musste natürlich einer unserer Leoparden ausfallen, damit dieser abgeschleppt werden konnte.

Nachdem auch das passiert war, griff das Panzerbataillon im Breitkeil an. Als diese dann am Horizont verschwunden waren, kam die Vorführung des Skorpiones. Das ist ein Minenwerfer auf Kettenfahrgestell. Er verschoss seine Minen und legte damit ein breites, langes Minenfeld, um ein Durchbrechen des erneut auftauchenden Feindes zu verhindern.

Zum Schluss kam der Keiler, ein Minenräumpanzer, und beseitigte die Minen, damit unsere eigenen Truppen weiter vorgehen konnten. Damit war die Übung allerdings noch nicht beendet. Denn jedes einzelne Fahrzeug, das an der Übung teilgenommen hatte, wurde nochmals einzeln vorgestellt und gezeigt, was es konnte. Jedenfalls ein Fahrzeug jeden Typs.

Der Leopard hatte an seiner Kanonenspitze eine Vorrichtung, auf der ein volles Glas Wein stand. Dann richtete der Richtschütze ein Ziel an und der Panzer drehte sich um die eigene Achse, aber ohne, dass sich das Waffenrohr bewegte und kein Tropfen Wein verschüttet wurde. Dann fuhr der Panzer langsam auf den Oberkommandierenden zu und senke seine Waffe so weit ab, dass der General das Weinglas ergreifen konnte und es austrank. Damit sollte gezeigt werden, dass das Glas weder festgeklebt noch verschlossen war.

Abends stellte unser Hauptmann ein paar Kisten Bier in unseren Aufenthaltsraum und bedankte sich im Namen der Generale für die erfolgreiche Vorführung. Es wurde noch ein schöner, feuchter Abend.

BO 105 mit Leopard 2 beim Gefechtsschieße zur Unterstützung

Kapitel 25

Wie wir einen Grenadier in der Nacht im Leoparden aufnahmen

Und wieder einmal war es so weit, dass wir auf Übung fuhren. Diesmal nach Grafenwöhr, soweit ich mich erinnern kann. Wir sollten für drei Wochen bleiben und der Schwerpunkt lag nicht nur auf dem Schießen mit unseren Leopard 2, sondern auch im gemeinsamen Üben mit einer Einheit der Grenadiere.

Als wir mit unseren Panzern per Bahntransport ankamen und abgeladen hatten, fuhren wir direkt auf den Kettenabstellplatz.

Der Kettenabstellplatz liegt im Normalfall außerhalb der Kaserne auf Übungsplätzen und wird Tag und Nacht von der übenden Einheit bewacht.

Wir hatten das Glück, dass der Kommandeur der Grenadiere die ganzen drei Wochen den Kettenabstellplatz nur durch seine Soldaten bewachen ließ. Das bedeutete für uns, keine Wache und jede Nacht schön im Bett schlafen zu können. Denn im Gegensatz zu den Grenadieren hatten wir feste Unterkünfte. Die armen Kerle mussten draußen in Zelten schlafen. Das war aber auch nicht tragisch. Es regnete zwar ab und zu, aber es war wenigstens nicht arschkalt.

So verging die erste Woche sehr schnell und wir fuhren morgens mit unseren Panzern auf die Schießbahnen, um zu schießen.

Die Grenadiere waren auf der Nachbarbahn und schossen mit ihren Handwaffen und auch der Milan. Das war eine Panzerabwehrwaffe und eher eine „Rakete“, die per Drahtsteuerung funktionierte. Ab und an übten wir auch das Vorgehen mit den Grenadieren.

Dazu fuhren die Marder mit uns und setzten die Soldaten ab, wenn es darum ging, ein Waldstück feindfrei zu machen. An dem ersten Wochenende hatten wir natürlich nicht frei und fuhren das ganze Wochenende über eine großangelegte Übung. Auch in der Nacht. Das hieß für uns, zwei Nächte im Panzer zu schlafen. Aber das gehörte dazu.

In der ersten Nacht fuhren wir Spähtrupp und sollten aufklären, wo sich die Grenadiere bewegten. Unsere Spähtrupps, also die mit den Spähpanzern Luchs, waren dauernd in der Nähe des Feindes und gaben uns deren Koordinaten durch. Wir erwarteten die Marder mit einem Hinterhalt. Sie hatten keine Chance.

Am Tage zogen wir unter, um uns auszuruhen.

Bevor wir allerdings unseren Ruheraum bezogen, wurde uns mitgeteilt, dass wir einen Zug Grenadiere bekamen, die uns unterstellt wurden. Im Kriegsfall wäre das auch möglich. Und wir konnten sie gut gebrauchen, weil es immer mal wieder ein Waldstück oder ein Gebäude zu säubern gab. Und warum die teuren Panzergranaten verschwenden, wenn man Grenadiere in die Häuser schicken konnte? Wir hatten also zusätzlich drei Marder und 30 Grenadiere, die wir „verstecken" mussten. Wir zogen also unter und begaben uns zur Ruhe. Jedenfalls die, die nicht Wache hatten. Wenn man Krieg spielte, war es wichtig, Posten aufzustellen und den Ruhe- oder Bereitstellungsraum abzusichern. Wir machten das mit einem unserer Leoparden.

Ich hatte mit meiner Besatzung die zweite Wache zu stellen und so gingen wir zum Panzer unseres Zugführers, der vor unserem Ruheraum Stellung bezogen hatte.

Es macht Sinn, die Besatzungen auszuwechseln, weil das wesentlich leiser von Statten ging, als mit einem 60-Tonnen-Ungetüm durch den Wald zu fahren und alles aufzuschrecken. Nun, wir waren vielleicht eine Stunde auf Posten, als mein Ladeschütze mir mitteilte, dass er austreten müsse. Ich gab ihm die Erlaubnis und so verschwand er im Wald.

Kurz darauf kam er wieder und sagte zu mir, dass er einen Grenadier etwa 30 Meter links von unserem Panzer in Stellung gesehen hatte.

Ich wollte das nicht glauben und fragte ihn, wo der Grenadier liegen würde. Nachdem er mir beschrieben hatte, wo genau das war, machte ich mich auf den Weg. Kurz darauf fand ich den Grenadier. Er war so gut getarnt, dass ich fast auf ihn getreten wäre.

Ich fragte ihn: „Was machen Sie denn hier?"

Er sagte: „Ich bin abgestellt, um Sie zu sichern."

Ich: „Das ist nicht Ihr Ernst."

Er: „Doch, mein Leutnant hat mir den Befehl dazu gegeben."

Ich: „Sie wollen also allein mit einem G3 und 100 Schuss Munition drei Kampfpanzer mit drei 120 Millimeter Kanonen sechs MG mit zusammen 16.500 Schuss und den persönlichen Waffen der Besatzung sichern?"

Er: „Ja, so lautet mein Befehl."

Ich wollte es nicht glauben, ließ ihn aber seinen Auftrag durchführen.

Als es dunkel wurde, bekamen wir den Befehl, unseren Ruheraum zu verlassen und auf Spähtrupp zu fahren. Die Grenadiere sollten 15 Minuten vor uns starten und in die andere Richtung aufklären und dort ein Waldgebiet säubern.

Gerade als wir losfahren wollten, meinte mein Ladeschütze: „Ob der Grennie noch in seiner Stellung liegt?"

Ich sagte ihm: „Schau nach und wenn er noch da ist, bring ihn mit."

Kurz darauf kam mein Ladeschütze wieder und hatte den Grenadier im Schlepptau.

Ich funkte sofort meinen Zugführer an und teilte ihm meinen „Fund" mit.

Er wechselte vom Spähtrupp Kanal auf den Kompaniekanal und funkte den Zugführer der uns unterstellten Grenadiere an. Es dauerte nicht lange und mein Leutnant befahl mir, den Grenadier im Leoparden aufzunehmen und mitzuführen, bis wir wieder auf unsere Grenadiere treffen würden. Der Grennie kam mit auf die Ladeschützenseite und verbrachte die ganze Nacht bei uns.

Wären wir in einem richtigen Krieg gewesen, so hätte der Grenadier nur auf dem Turm mitfahren können, weil der Ladeschütze den wenigen Platz im Turm für seine Arbeit gebraucht hätte. Aber so musste er keine Granaten laden.

Nun, der Grenadier erzählte uns, dass er kein großes Ansehen bei seinem Chef haben würde, weil er durch die erste Offiziersprüfung gefallen sei. Das ist eigentlich nichts anderes als der Unteroffizierslehrgang, den ich auch gemacht hatte. Nur, dass die Offiziersanwärter nicht Unteroffizier genannt wurden, sondern Fahnenjunker. Ich dachte noch, was für ein Arschloch sein Chef sein musste.

Nun, wir fuhren die ganze Nacht durch die Gegend, trafen aber erst am frühen Morgen wieder auf die uns unterstellten Grenadiere.

Ich sagte unserem Gast, er könne wieder zu seiner Truppe wechseln und er bedankte sich höflich dafür, dass wir ihn mitgenommen hatten. Es sei sehr interessant gewesen und er würde am liebsten die Truppengattung wechseln.

Ich schaute dann aus dem Turm auf meiner Seite und wartete darauf, dass der Grenadier sein Gepäck durch die Ladeschützenluke geben würde.

Plötzlich hörte ich einen Schrei aus den Tiefen des Panzers.

Ich wollte gerade abtauchen als ich ein Gewehr G3 durch die Luke nach oben steigen sah. Der Vorderteil der Waffe war in Ordnung. Aber als die Schulterstütze auftauchte, konnte auch ich mein Lachen nicht verkneifen. Nur, dass das G3 ab Höhe der Schulterstütze um 90 Grad abgewinkelt war. Was war geschehen?

Der Grenadier hatte seine Waffe und seinen Rucksack unter unsere Bordkanone gelegt. Das war normalerweise auch kein Problem, denn dort war genug Platz.

Nur war es so, dass wir in der Nacht Spähtrupp gefahren waren und das mit eingeschalteter Waffenstabilisierungs-Anlage (WaSta). Das hieß, dass das Waffenrohr bei jeder Bewegung des Panzers nach oben oder unten, eben bei Geländefahrt immer auf dem Punkt blieb, den der Richtschütze anpeilte. Es ist also immer ein Auf und Ab des Kanonenrohres. Da das Gewehr des Grenadiers unter der Kanone lag und dort auch der Gleichrichter war, den man sich wie eine umgestülpte Tupper-Schüssel vorstellen konnte, wurde das Gewehr von der Bordkanone gleichmäßig über den Gleichrichter gepresst. Die Waffe war natürlich komplett zerstört.

Wir sahen noch, wie der Offiziersanwärter auf den Marder seines Zugführers zuging und die hintere Zustiegsluke des Marders geöffnet wurde. Der Grenadier verschwand in dem Panzer und bevor die Luke wieder geschlossen war, hörten wir den Leutnant laut losschreien. Er machte einen Heidenaufriss und schiss den armen Jungen total zusammen.

Ich stieg von meinem Panzer ab und ging zu dem Marder. Ich sagte dem Fahrer, er solle bitte seinem Kommandanten sagen, dass ich ihn dringend sprechen musste. Dies tat der Kraftfahrer auch über Bordsprechverbindung (BV). Kurz darauf erschien der Kopf eines sehr jungen, offensichtlich unerfahrenen Leutnants.

Ich bat ihn vom Panzer abzusteigen, da ich mit ihm sprechen wollte und das nicht für andere Ohren bestimmt wäre. Er tat mir den Gefallen und wir gingen ein paar Schritte vom Marder weg.

Ich fragte den Leutnant: „Warum machen Sie den Soldaten so fertig?"

Der Leutnant: „Weil er ein Versager ist und Bundeseigentum zerstört hat! Und dafür wird er bluten. Den mache ich fertig, dass er nie Offizier wird. Dafür sorge ich."

Ich: „Mit so einer Aussage wäre ich vorsichtig."

Leutnant: „Wieso?"

Ich: „Weil es viel schlimmer ist, einen unterstellten Soldaten im Felde zu vergessen! Und eins sage ich Ihnen, Herr Leutnant. Wenn der Soldat wegen diesem Waffenunfall Ärger bekommt, dann werde ich mich mit Ihrem Kompaniechef unterhalten! Dann wird er von IHRER Unfähigkeit hören."

Leutnant: „Wollen Sie mir drohen, Herr Stabsunteroffizier?"

Ich: „Nein, nur warnen!"

Damit war das Gespräch beendet. Ein paar Wochen später bekam ich Post von dem Offiziersanwärter, wo er mir mitteilte, dass er eine zweite Chance bekommen hatte, den Lehrgang zu machen. Und es hätte auch kein Nachspiel wegen der Waffe gegeben. Sein Leutnant hätte die Waffe abschreiben lassen und erklärt, dass die Schulterstütze verbogen wurde, weil die Waffe vom Marder gefallen und unter die Kette gekommen wäre, als dieser losfuhr.

Mein Panzer mit unserem Indianerkopf links am Turm

Kapitel 26

Freilaufende Übung im Werra-Meißner-Kreis

Was eine sehr schöne Erfahrung war, waren die freilaufenden Übungen, die wir damals durchführen durften. Es handelte sich um Übungen, die zwar angemeldet wurden, aber weder auf dem Standortübungsplatz noch auf einem Truppenübungsplatz stattfanden. Nein, diese Übungen wurden im öffentlichen Bereich und im Verkehr durchgeführt.

Eines Tages fuhren wir mit neun Leopard 2-Panzern, 16 Luchsen, ein paar 2-Tonnern und einem TPZ-Fuchs von unserer Blücher-Kaserne in Hessisch Lichtenau. Unser Weg führte uns über Helsa auf die Autobahn A7, auf die wir in Kassel auffuhren.

Unser Ziel war der Bereich in der Gemarkung Hedemünden, wo wir oberhalb der Autobahn Stellung beziehen sollten. Das Interessante daran war, dass wir nur die Autobahn nutzen konnten, weil alle anderen Straßen zu unserem Bereitstellungsraum über Brücken führten, die leider nicht für Fahrzeuge mit einem Gewicht von über 60 Tonnen ausgelegt waren. Das heißt schlichtweg, unsere Panzer waren zu schwer und die Brücken hatten nicht die nötige Traglast. Sicher gibt es eine Sicherheitsmarge, aber die durfte nur im Verteidigungsfall ausgeschöpft werden.

Also mussten wir über die Autobahn marschieren. Das ist eigentlich eine einfache Sache, wenn die Autobahn frei gewesen wäre. Denn dann wäre sie breit genug gewesen. Aber wir hatten das Pech, dass die A7 zu dieser Zeit leider in Höhe der Werratal-Brücke eine einzige Baustelle war. Das bedeutete, dass die breite Autobahnspur geteilt war und dadurch jeder Fahrstreifen nur noch knapp vier Meter breit war. Das ist natürlich bei einer Fahrzeugbreite von 3,70 Metern mit hochgeklappten Seitenschürzen, so breit ist ein Leopard 2, nicht ganz einfach für den Kraftfahrer. Wir fuhren also als Kolonne in die Baustelle ein.

Es war bereits äußerst eng und schwierig für den Fahrer, das Fahrzeug in der schmalen Spur zu steuern. Der Ladeschütze musste nach hinten sehen und Gefahren melden – und solche gab es zuhauf. Der Einzige, der entspannt sein konnte, war der Richtschütze, der unten im Panzer saß und nichts zu tun hatte.

Der Kommandant musste ständig den Kurs über das BV (Bordsichtgerät) korrigieren, da der Fahrer weder die ersten drei Meter vor dem Panzer sehen konnte noch sah, was an den Seiten passierte.

Man sieht einfach nichts, selbst die Spiegel helfen nicht viel. Ich rate jedem, einmal auf den Fahrersitz eines Panzers zu steigen, am besten eines Leopard 2, dann wird er sehen, dass man nichts sieht. Es ist am besten, mit offener Luke zu fahren, da man zumindest etwas sieht. Wenn jedoch die Luke geschlossen ist - sogenanntes Fahren unter Luke - sieht man die ersten zwölf Meter vor dem Panzer überhaupt nicht, und seitlich erst recht nicht, besonders wenn die Spiegel auch noch eingeklappt sind.

Als Kommandant auf unserem letzten Panzer in der Kolonne schaute ich also zur Seite, um zu verhindern, dass der Panzer die Randbebauung zerstörte. Ich gab ständig Anweisungen. Dann meldete mein Ladeschütze, dass ein Auto von hinten herannahte und uns überholen wollte. Der Fahrer ließ es zu, obwohl nur noch etwa 30 Zentimeter Platz zwischen seinem Auto und unserer mahlenden Kette waren. Es war äußerst gefährlich. Wenn mein Fahrer auch nur leicht nach links gelenkt hätte, hätte er das Auto komplett zerquetscht.

Ich sah nur noch das angstverzerrte Gesicht der Beifahrerin. Denn es war sicher kein angenehmes Gefühl, wenn etwa 30 Zentimeter neben einem in halber Höhe der Seitenscheibe eine Panzerkette entlanglief. Wir fuhren etwa 50 km/h.

Ich sagte meinem Fahrer nur, er solle das Lenkrad ganz stillhalten und auf gar keinen Fall bewegen. Als er fragte, warum, erklärte ich ihm, dass wir gerade von einem Auto überholt werden. Er tat, was ich sagte, und so konnten wir Schlimmeres verhindern.

Aber wer jetzt denkt, dass der Idiot von Autofahrer sich vor uns in die Kolonne einreiht, der täuscht sich. Dieser Fahrer überholte sogar noch den nächsten Panzer. Dann bekam er vermutlich Ärger mit seiner Mitfahrerin, denn vor dem nächsten Überholmanöver scherte er zwischen die Panzer. Aber auch das war sicher kein angenehmes Gefühl. Über 60 Tonnen Stahl direkt vor einem und dann etwa zehn Meter hinter einem nochmals mehr als 60 Tonnen Stahl - das ist sicherlich nicht beruhigend.

Wie dem auch sei, ich sagte meinem Fahrer, er solle etwas weiter links fahren, um die Fahrbahn zu verengen, sodass kein Auto mehr überholen konnte. Ich meldete nach vorne, dass wir die Straße dichtmachten, und bekam das Einverständnis von meinem

Leutnant. So konnten wir beruhigt bis zur Autobahnabfahrt Hedemünden fahren und unseren Bereitstellungsraum einnehmen.

Über den Tag beobachteten wir die Autobahn und führten unseren Auftrag durch. Jedes Militärfahrzeug, das wir sahen, meldeten wir, denn eine Übung in freiem Gelände war immer umfangreich. Also waren nicht nur wir draußen unterwegs, sondern auch andere Truppenteile und sogar Holländer waren dabei.

In der Dämmerung begannen wir dann mit dem Spähtrupp. Dazu mussten wir natürlich auch durch Ortschaften fahren. In einer Ortschaft, deren Namen ich hier besser nicht nenne, kam es zu einem kleinen Zwischenfall.

Wir fuhren mit unseren Panzern durch den Ort. Die Straße war sehr eng, und ein Auto stand am Straßenrand. Um durch diesen Engpass zu kommen, ohne den Bordstein zu beschädigen, hätte der Fahrer des Autos es wegstellen müssen. Wir hielten an, klingelten an der Haustür und baten den Hausbesitzer, sein Auto an die Seite zu fahren, damit wir nicht über den Bürgersteig fahren müssten. Offenbar hatte er etwas gegen die Bundeswehr, denn er weigerte sich und sagte, sein Auto bleibe stehen

Mein Vorgesetzter war sehr entschlossen und befahl uns, am Auto vorbeizufahren und im Zweifelsfall über den Bürgersteig zu fahren. Das taten wir auch, und oh Wunder, wir drückten den Bordstein auf einer Länge von etwa drei bis vier Metern kaputt. Der Hausbesitzer fing an zu toben und drohte uns mit einer Anzeige wegen Sachbeschädigung.

Mein Hauptmann antwortete gelassen: „Das können Sie ruhig tun. Die Anzeige und die Rechnung schicken Sie bitte an das deutsche Verteidigungsministerium, oder besser noch an die NATO in Brüssel.“

Dann, als wir weiterfahren wollten, stellte sich der Mann vor unseren ersten Panzer und versuchte, uns zu blockieren. Doch mein Vorgesetzter ließ ihn durch zwei Soldaten aus dem Weg räumen. Das wiederum erregte die Aufmerksamkeit der Bewohner, und wir hatten echte Schwierigkeiten, wegzukommen. Das ging nur im Schritttempo. Vor jedem Panzer ging der jeweilige Ladeschütze vorweg, damit niemand unter die Ketten kam.

Als es auf Mitternacht zuging, mussten wir erneut durch den Ort fahren. Mein Hauptmann war immer noch verärgert über das Unverständnis der Bewohner. Er befahl uns, mit hoher Geschwindigkeit und aufheulenden Motoren den Ort zu passieren. Also fuhren wir mit Vollgas im kleinen Gang durch den Ort. Wenn man oberhalb des Ortes gestanden hätte, hätte man, ohne unsere Panzer zu sehen, erkennen können, wo wir gerade waren, denn direkt hinter uns gingen die Lichter in den Häusern an.

Wir waren gespannt, ob es weitere Beschwerden geben würde, aber auch Tage später kam nichts. Ich vermutete, dass unser Kommandeur alles abgeblockt hat, denn auch er hatte kein Verständnis für die Sturheit der Bewohner.

So endete auch diese freilaufende Übung. Früher in meiner Kindheit gab es noch viel mehr solcher Übungen, und wir sahen als Kinder sehr oft Militär in unserer Gegend - Deutsche, Engländer und vor allem Amerikaner. Sie hatten auch keine Probleme damit, im Panzerverband quer durch Getreidefelder zu fahren und das ganze Feld niederzuwalzen. Aber das wurde alles vom deutschen Steuerzahler bezahlt. Schließlich waren wir immer noch ein „besetztes" Land.

Auf der Werratalbrücke

Kapitel 27

Wie die Amis einen M1-Panzer „entketteten"

Natürlich waren wir zwischendurch immer wieder auf dem Übungsplatz. Da damals eine Wehrpflicht von zwölf Monaten bestand, war das Kalenderjahr durchgetaktet: drei Monate Grundausbildung, die sogenannte AGA (allgemeine Grundausbildung), gefolgt von der speziellen Grundausbildung. In unserem Fall war es die Ausbildung auf dem Kampfpanzer Leopard 2. Dort wurden nicht nur die Bedienung des Panzers trainiert, sondern auch das spezielle Verhalten beim Spähtrupp fahren.

Zur Erklärung: Wir waren schwere Aufklärer, die das Feindgebiet mit Kampfpanzern aufklärten. Im Ernstfall wäre die Aufklärung durch Kampf erfolgt. Unsere Überlebenschancen lagen nach der Alarmierung und dem Überschreiten der Hauptkampflinie (HKL) bei etwa 15 Minuten – also nicht sehr hoch. Manch einer denkt jetzt: Warum dann so laute Panzer? Nun, das ist einfach zu erklären. Sollten unsere leichten Aufklärer auf Feind treffen, wären die Chancen, Aufklärungsergebnisse zu erhalten, noch geringer gewesen, da die Luchse nur leicht gepanzert waren. Manchmal war der Feind so stark, dass Ergebnisse nur mit schweren Kampfpanzern erzielt werden konnten.

Wir waren in der Regel mit drei Panzern pro Zug unterwegs – und das allein. Die Panzerbataillone hingegen hatten eine Zugstärke von vier Kampfpanzern und fuhren in der Regel im Kompanierahmen, also dreizehn Kampfpanzer, inklusive Chefpanzer. Wir sagten immer: „Die Panzerbullen breit fahren, schmal denken."

Im dritten Quartal war ausschließlich die Spähtrupp-Ausbildung angesetzt – also, wie man mit dem Panzer fuhr, um möglichst nicht entdeckt zu werden: untertourig fahren, Schatten von Bäumen nutzen, versetzt fahren, alle Richtungen mit den drei Hauptwaffen abdecken.

Im vierten Quartal gab es normalerweise einen längeren Aufenthalt auf dem Übungsplatz, in der Regel drei Wochen. Das war dann der zweite Übungsplatz. Der erste, kürzere Aufenthalt, in der Regel zwei Wochen, fand bereits während der speziellen Grundausbildung statt.

Nun aber zurück zur Überschrift: Wie geschah es, dass die Amis einen M1-Panzer entketteten? Wir waren in Baumholder, einem Übungsplatz in Deutschland in der Nähe von Idar-Oberstein. Der Platz stand damals unter amerikanischer Verwaltung.

Jedenfalls hatten wir viel Spaß auf dem Übungsplatz mit den Amerikanern. Wir tauschten unter anderem verbotenerweise unsere Leoparden gegen die M1-Panzer aus – allerdings nur zum Schießen von der Platte, also ohne die Panzer zu bewegen. Das war gar nicht so schwer, denn der M1 der Amerikaner hatte die deutsche 120-mm-Kanone und Waffenanlage.

Tja, die Amerikaner konnten noch nie richtig gute Waffen bauen. Auf jeden Fall besiegten wir die Amerikaner jedes Mal in Bezug auf die Zielaufklärung und Bekämpfung der Ziele. Wir waren einfach schneller.

Abends saßen wir meist mit den Amerikanern im Casino und tranken mit ihnen. Dabei kam es manchmal vor, dass wir Mützen und Uniformteile tauschten. Irgendwann fanden wir heraus, dass die Amerikaner das deutsche grüne Barett sehr mochten, da es ihrem „Green Beret" ähnelte.

Also besorgten wir uns bei unseren Grenadieren, die auf dem Übungsplatz in Zelten schliefen und das Lager nicht verlassen durften, dieses begehrte Barett. Die „Grennies" tauschten ihr Barett nur zu gerne gegen Schnaps, um sich in ihren kalten Zelten zu wärmen. Schließlich waren die Winter damals noch richtig kalt gewesen und nicht wie heute mit zehn Grad Plus. Anfang der 90er Jahre waren Temperaturen von minus fünf Grad im Dezember normal.

Für so ein grünes Barett bekam man ohne große Probleme eine komplette Uniform mit Stiefeln. Ich glaube, der ein oder andere Amerikaner hätte auch ein M16 gegen ein grünes Barett eingetauscht. Aber was sollte man mit einem Sturmgewehr? Man konnte damit nicht mal auf die Jagd gehen.

Nun zurück zum entketteten Panzer. Wir waren auf der Schießbahn und absolvierten Übungen mit und gegen die Amerikaner. Als die Übungen vorbei waren, wollten wir ins Tal zum Kettenabstellplatz fahren. Da es zwischenzeitlich leicht geschneit hatte, beschloss unser Chef, dass wir Schneegreifer auf unsere Ketten ziehen sollten. Dazu entnahm man jedes zehnte Kettenpolster und ersetzte es durch einen Schneegreifer – ein Kettenpolster ohne

Gummieinlage, sondern mit einer Stahleinlage in X-Form, um Grip zu gewährleisten und ein Rutschen zu verhindern.

Die Amerikaner lachten und fuhren ohne Schneegreifer den Berg hinunter. Als wir eine halbe Stunde später ebenfalls fertig waren und die Straße hinabfuhren, sahen wir einen M1 im Straßengraben liegen. Wir dachten zuerst, er sei nur hineingerutscht, aber als wir auf seiner Höhe waren, sahen wir, dass er nicht nur seine Kette verloren hatte, sondern sich den kompletten Antriebskranz abgerissen hatte. Der Panzer würde heute sicherlich nicht mehr auf seinen eigenen Ketten fahren.

Wir lachten fast über so viel Dummheit. Doch als wir weiter ins Tal kamen, mussten wir feststellen, was mit einer Teerstraße geschieht, wenn ein 60-Tonnen-Panzer mit Schneegreifern darüberfuhr - wir rissen tiefe Furchen in den Teer.

Also hielten wir an und wechselten die Schneegreifer wieder gegen die normalen Kettenpolster. Abends im Casino zog man sich natürlich gegenseitig auf. Die Amerikaner nannten uns den „deutschen Straßenschreck“. An diesem Abend hatten wir viel gelacht und einige Tage später Baumholder mit neuen Freundschaften in Richtung Heimat verlassen.

Kapitel 28

Wie wir einen nagelneuen Leopard 2 geliefert bekamen

Einige Zeit nach diesem Übungsplatz waren wir damit beschäftigt, die Laufrollen für unsere Panzer zu wechseln. Das Problem dabei war, dass die Muttern für diese Laufrollen selbstsichernde Muttern sein mussten. Also: Muttern mit einem Kunststoffring am Gewinde, der sich beim Aufschrauben in das Gewinde der Schraube krallte und sich dadurch nicht von allein lösen konnte. Leider hatten wir die passenden Muttern nicht vorrätig und mussten sie bestellen.

Ein Kamerad von mir, der früher als Maschinenschlosser gearbeitet hatte, hatte einen Vorrat der passenden Größe daheim. Er brachte sie mit, und so konnten wir die zwei neuen Laufrollen befestigen. Hätte er die Muttern nicht gehabt, hätten wir den Panzer nicht nutzen können, bis die bestellten Muttern eingetroffen wären, denn die alten durften auf keinen Fall wiederverwendet werden. Er bestand natürlich darauf, Ersatz zu bekommen, also wurden die Muttern bestellt.

Dabei unterlief dem Mat-Feldwebel, einem Oberfeldwebel, jedoch ein Fehler. Bei der Bundeswehr gibt es zwölfstellige Nummern für die Bestellung eines Gegenstandes, sowie eine weitere zwölfstellige Nummer für das Hauptteil, zu dem das bestellte Teil gehörte. Der Mat-Feldwebel bestellte jedoch fälschlicherweise einen ganzen Panzer.

Zwei Wochen später kam ein Schwertransporter vom Typ Elefant und lieferte einen nagelneuen Leopard 2 bei uns in Hessisch Lichtenau an. Das Staunen war groß, da niemand den Panzer angefordert haben wollte. Die Besatzung des Elefanten bestand jedoch darauf, ihren Auftrag auszuführen, und lud den Panzer ab. Typisch Staatsdienst: Ich habe einen Befehl, also führe ich ihn aus!

Es dauerte drei Tage, bis die Sache geklärt war. Das Ergebnis war, dass der Leopard 2 wieder abgeholt wurde, der Oberfeldwebel kurz darauf zum Feldwebel degradiert wurde und mein Kamerad heute noch auf seine Muttern wartete.

Kapitel 29

Sandkastenaubildung

Wir hatten zu meiner Bundeswehrzeit alle paar Wochen abends eine Sandkastenausbildung. Was war das eigentlich? Nun, man saß um einen Sandkasten im Unterrichtsraum, und es wurde eine Lage eingespielt. Den Sandkasten musste man sich so vorstellen, dass es eine Kiste war, die etwa die Maße drei mal zwei Meter besaß. Man konnte ganz bequem drum herumsitzen und dann Planspiele durchführen.

Vor der Ausbildung oder dem Durchspielen einer Lagebewältigung musste man den Sandkasten natürlich vorbereiten. Man stellte das Gelände nach, das man in der Wirklichkeit vorfinden würde. Wir hatten damals ein hügeliges Gelände, das mit kleinen Büschen durchzogen war. Es gab eine Straße und einen kleinen Fluss, über den eine Brücke verlief.

Die Vorgabe war, dass wir jenseits des Flusses eine Anhöhe einnehmen sollten, die für das weitere taktische Vorgehen der Kompanie von Wichtigkeit war. Weiterhin war vorgegeben, dass der Feind genauso wie wir strukturiert war. Also ein Spähtrupp, der auch als „Wache" eingesetzt war, und aus drei Kampfpanzern bestand. Des Weiteren war es 03:00 Uhr am Morgen, und es herrschte leichtes Schneegestöber.

Unser Ausgangspunkt war etwa zwei Kilometer vor der Brücke. Vor uns lag die Anhöhe, die etwa 50 Meter höher als wir gelegen hatte. Zwischen uns und der Anhöhe befand sich eine Bodenwelle von etwa drei Metern Tiefe, die nach rechts verlief und ansatzlos hinter einer Anhöhe von etwa zehn Meter Höhe überging. Das Ende der rechts verlaufenden Höhe war flankierend, also neben dem höchsten Punkt der einzunehmenden Anhöhe.

Auf der Anhöhe, die es zu erreichen galt, stand ein Feindpanzer. Die Aufgabe bestand darin, die Anhöhe zu gewinnen, ohne große eigene Verluste zu haben.

Einer unserer Hauptfeldwebel meldete sich und trug seinen Entschluss vor. Er wollte mit seinem Zugführerpanzer an die Bodenwelle fahren und dann den Feindpanzer abschießen. Danach wollte er mit allen drei eigenen Leopard 2 auf die Anhöhe fahren und hätte damit seinen Auftrag erfüllt.

Ich war damals ein „kleiner Stabsunteroffizier" und mir rutschte der Spruch „Was für ein Blödsinn, da kann ich mir auch gleich eine Kugel in den Kopf jagen." raus.

Der Hauptfeldwebel fühlte sich angegriffen und versuchte, mich niederzumachen, indem er zu mir sagte, dass ich keine Ahnung haben würde, wie man eine solche Situation meisterte, und dass ich als Stabsunteroffizier keinerlei Erfahrung hätte.

Ich wollte gerade antworten, als mein Hauptmann fragte, welche Alternative ich vorschlagen würde, falls ich eine hätte. Ich nutzte meine Chance und ging an den Sandkasten. Ich begann damit, dass ich nicht mit dem Führungspanzer an die Bodenwelle fahren würde, um das Feindfahrzeug abzuschießen, da mit Sicherheit noch andere Feindkräfte vorhanden seien. Darauf wurde ich von dem Hauptfeldwebel unterbrochen, und es kam zu folgendem Dialog: Den Hauptfeldwebel kürze ich nun mit HF und mich mit SU ab:

HF: „Da sind keine anderen Feinde!"

SU: „Es hieß, dass der Feind die gleiche Struktur habe wie wir, also ist das nicht der einzige Panzer, und es müssen noch zwei weitere irgendwo in der Nähe sein. Vermutlich im, auf der Anhöhe liegenden, Waldstück."

HF: „Da sind keine!"

Da schritt mein Hauptmann ein und bat den HF die Büsche auf der Anhöhe anzuheben. Und siehe da, da standen die beiden anderen Panzer.

SU: „Oh da stehen sie ja!"

Mein Hauptmann: „Wie gehen Sie weiter vor, SU Trube?"

SU: „Ich schicke mein Alpha und mein Bravo Panzer entlang der Bodenwelle nach rechts bis an das Ende der rechts liegenden Anhöhe. Wenn die beiden ihre flankierenden Positionen erreicht haben und mir das gemeldet haben, fahre ich durch die Bodenwelle, um am Ende der Welle an den höchsten Punkt zu fahren, sodass nur das Waffenrohr über den Rand schaut. Dann schieße ich den Feindpanzer an."

HF: „So ein Blödsinn. Zu gefährlich, da steige ich ab und nehme mein Fernglas, um zu schauen, ob da noch andere sind."

SU: „Laut Vorgabe haben wir 03:00 Uhr morgens und Schneetreiben. Da dürfte man auf knapp zwei Kilometer Entfernung nicht viel sehen. Und Nachtsichtgeräte haben wir nicht. Ausnahme: Das Wärmebildgerät von unserem Leoparden. Und das dürfte wohl kaum geeignet sein, es auszubauen. Davon abgesehen, ist es mit 450 Kilogramm zu schwer, um es einfach durch die Gegend zu tragen." Alle schmunzelten.

Getarnte Leopard 2, hier: Naturtarnung

Leopard 2 auf dem Gefechtsfeld versteckt

Mein Hauptmann sagte, ich solle fortfahren.

SU: „Wenn ich den Feindpanzer angeschossen habe, werden die beiden anderen Feindfahrzeuge aus ihrer Deckung kommen und können dann von meinem Alpha und Bravo vernichtet werden. Damit ist die Höhe frei, und ich kann die Anhöhe einnehmen. Dazu fahren Alpha und Bravo um die vor ihnen liegende Höhe und erreichen das Ziel. Ich fahre durch die Bodenwelle und den kleinen Fluss, um ebenfalls die Anhöhe zu gewinnen."

HF: „So ein Schwachsinn. Der Fluss ist viel zu tief."

SU: „Wenn dem so ist, decke ich die Rückkehr meines Alpha und Bravo und überquere den Fluss im Anschluss unter deren Deckung im überschlagenden Vorgehen über die Brücke."

Überschlagendes Vorgehen bedeutet, dass ein Panzer sichert, während der andere an ihm vorbeifährt und dann anhält, um den zuerst sichernden Panzer wiederum an sich vorbei ziehen zu lassen und diesen dabei sichert. Das wird im Wechsel so lange durchgeführt, bis man seinen Zielpunkt erreicht hat.

SU: „Wenn alle Fahrzeuge auf der jenseitigen Flussseite sind, kann die Höhe unter gegenseitiger Sicherung eingenommen werden. Auftrag erfüllt!"

HF: Schweigen und böses Gesicht.

Mein Hauptmann lobte mich vor dem gesamten Unteroffizierskorps unserer Kompanie und sagte, dass es selten sei, dass ein Stabsunteroffizier ein so gutes taktisches Denken beherrschte. Seit diesem Tag konnte ich machen, was ich wollte.

Alles war gut, da ich eine sehr große Rückendeckung durch meinen Hauptmann hatte. Mit meinem Hauptfeldwebel wurde ich aber nie wieder warm, da ich ihn praktisch vorgeführt hatte. Später hatten wir dann noch eine Begegnung der besonderen Art. Diese könnt ihr im nächsten Kapitel lesen.

Kapitel 30

Wie ich meinen Hauptfeldwebel abschießen ließ

Da man sich vorstellen kann, dass wir nicht immer auf einem Übungsplatz sein konnten und auf unserem Standortübungsplatz nicht mit unseren Leoparden schießen konnten, gab es Simulatoren für das Gefechtsschießen. Diese waren auch um einiges billiger als mit einem Panzer einen echten Schuss zu machen. Immerhin kostete ein Schuss mit 120 Millimeter etwa 2.000 DM, also etwa 1.000 Euro.

Es gab verschiedene Simulatoren, zum Beispiel einen Turmsimulator, an dem man die groben Abläufe üben konnte. In erster Linie wurden dort die Ladeschützen geschult, also das Laden wurde geübt. So einen Simulator hatten wir in unserem Bataillon. Wir fuhren zum Üben für das Gefechtsschießen immer nach Wolfhagen zum Panzerbataillon 64 in die Pommernkaserne.

Dort gab es zwei verschiedene Arten von Simulatoren: Zum einen den für die Schießausbildung für Richtschützen und Kommandanten, Ausbildungs-Schießsimulator der Panzertruppe (ASPT) genannt, und den Simulator Ausbildungsgerät Gefechtssimulator Panzertruppe (AGPT). Auf letzterem übten wir auch. Die Simulatoren waren Container, die die ganze Besatzung aufnehmen konnten.

Es sah darin aus wie in einem echten Panzer, nur dass der Ladeschütze nicht die schweren Granaten laden musste, sondern einen Knopf drückte. Der Richtschütze sah durch sein Zielfernrohr, das aber eigentlich an einen Monitor angeschlossen war, auf dem er das Gelände sehen konnte. Die Winkelspiegel des Kommandanten waren ebenfalls Monitore. Der Fahrer fuhr wie mit einem echten Panzer, ohne dass sich der Container bewegte. Das lief auch alles über Monitore, die vor den Winkelspiegeln waren.

Sollte man getroffen werden, gingen alle Monitore aus und es wurde dunkel. Außerdem schaltete sich die ganze Anlage für diesen Panzer aus.

Da der Weg von Hessisch Lichtenau bis nach Wolfhagen etwa 55 Kilometer betrug, also etwa 60 Minuten Fahrzeit, fuhren wir Doppelschichten als Ausbilder.

Nun kam der Tag, an dem wir das Gefechtsschießen auf dem AGPT üben sollten. Ich war als Zugführer eingeteilt, nicht zuletzt auch wegen der vorhergehenden Sandkastenausbildung, von der das vorherige Kapitel handelt. Ich hatte also die Verantwortung für drei Leopard 2. Den Bravo-Panzer kommandierte der Hauptfeldwebel, den ihr schon im vorherigen Kapitel kennengelernt habt. Unser Auftrag war es, unseren Korps-Gefechtsstand zu sichern. Dazu stellte ich meine Panzer so auf, dass wir in Feindrichtung wirken konnten. Das Problem war allerdings, dass wir Panzer uns untereinander nicht sehen konnten, da wir durch Buschreihen getrennt waren. Das war aber nicht anders möglich, da wir sonst alle drei auf einem Fleck gestanden hätten und dadurch ein leichtes Ziel für den Feind gewesen wären.

Wir standen also da und ich gab den Befehl, dass bei auftretendem Feind zuerst ich und mein „Alpha" das Feuer eröffnen würden, während der „Bravo" nicht schießen und den Kampf erst aufnehmen sollte, wenn einer von uns sich verschossen haben würde.

Wie nicht anders zu erwarten, griff der Feind an. Mein „Alpha" sah ihn zuerst und eröffnete das Feuer. Da der Feind in Stärke eines Bataillons angriff und Hubschrauberunterstützung hatte, schoss mein „Alpha", was das Zeug hielt. Dummerweise hatten wir laut Übungsvorlage jeder nur zehn Schuss Panzermunition an Bord.

Mein „Alpha" hatte sich schnell verschossen und meldete sich zum Nachladen ab. Ich übernahm den Kampf und mein Richtschütze schoss einige Panzer und einen Hubschrauber vom Typ Mil Mi 24 Hind ab. Kurze Zeit später hatte auch ich mich fast verschossen. Ich funkte meinen „Alpha" an und fragte, wie lange er noch zum Aufmunitionieren brauchen würde. Er antwortete, circa zwei Minuten.

Darauf entschloss ich mich, mit meinen „Bravo" in den Kampf einzugreifen. Als ich ihm den Befehl dazu gab, kam von ihm die Antwort, dass er zum Aufmunitionieren sei.

Er hatte demnach meine Befehle missachtet und dadurch den Erfolg dieser Übung gefährdet. Nicht nur gefährdet, sondern zum Scheitern verurteilt, da ich nur noch einen Schuss hatte und wir den Feind durch die Eigenmächtigkeit meines Hauptfeldwebels nicht mehr halten konnten. Das bedeutete, dass der Feind ohne Gegenwehr unseren Korps-Gefechtsstand würde einnehmen können.

Ich stauchte meinen Hauptfeldwebel über Funk zusammen und fragte, warum er eigenmächtig gehandelt habe und mich als Zugführer nicht gefragt habe.

Er antwortete: „Ich lasse mir von einem Stabsunteroffizier keine Befehle erteilen."

Das war also seine Rache, weil ich ihn bei der Sandkastenausbildung vorgeführt hatte. Ich hatte nur noch einen Schuss. Da ich ihn durch meine Winkelspiegel sehen konnte, die durch Monitore dargestellt wurden, befahl ich meinem Richtschützen, den Turm auf 06:00 Uhr zu drehen und gab den Befehl: „Auf den erkannten Leopard 2 einen Schuss. Feuer!"

Mein Richtschütze fragte mich, ob das mein Ernst sei.

Ich sagte: „Mein voller Ernst." Schließlich hatte mein Hauptfeldwebel durch sein Verhalten die ganze Übung zu einem tödlichen Ende für uns gemacht.

Mein Richtschütze visierte den Panzer des Hauptfeldwebels an und drückte den Feuerschalter. Es war ein Volltreffer. Der Panzer des Hauptfeldwebels schaltete alle Lichter aus und wurde automatisch im Kontrollraum als vernichtet angezeigt.

Über Funk rief ich den Hauptfeldwebel, dass er getroffen sei. Aber er konnte sich nicht erklären, wo der Schuss hergekommen sei, da er weder Hubschrauber noch Feindpanzer gesehen hätte. Der Funk war nach einem Treffer das Einzige, was noch funktionierte, da man mit dem Kontrollraum in Verbindung bleiben musste. Es war schließlich möglich, das Fahrzeug von dort aus wieder „instand zu setzen".

Ich sagte dem Hauptfeldwebel über Funk, dass ich ihn abgeschossen habe. Er polterte sofort los und meinte, dass es eine Frechheit sei, ihn abzuschießen und dass das Mord sei. Ich antwortete ihm einfach: „Befehlsverweigerung und Feigheit vor dem Feind wird mit dem Tode bestraft!"

Mein Hauptmann bekam das ganze über Funk mit und bat uns zu einem Gespräch mit unseren Besatzungen. Der Hauptfeldwebel polterte gleich wieder los und verlangte, dass ich in irgendeiner Weise bestraft werden sollte. Mein Hauptmann grinste nur und sagte dem Hauptfeldwebel, dass er genauso gehandelt hätte. Denn es ginge gar nicht, dass man sich über gegebene Befehle hinwegsetzt und dadurch nicht nur die anderen Besatzungen gefährdet, sondern auch noch den ganzen Korps-Gefechtsstand verliert. Und das sei hier genau passiert, weil der Zugführer, also ich, sich darauf verlassen musste, dass seine Befehle ausgeführt wurden.

Somit hatte der Hauptfeldwebel wieder einmal einen Dämpfer erhalten. Ich muss allerdings auch dazu sagen, dass er bei unserem Chef kein großes Ansehen genossen hatte. Er war ein Theoretiker und kein Praktiker. Bevor er zu uns kam, diente der Hauptfeldwebel zehn Jahre lang an einem Schreibtisch im Stab.

Obwohl ich nun meinen Bravo-Panzer hatte abschießen lassen, bekam ich für die von mir durchgeführte Taktik ein großes Lob von meinem Chef. Wir übten die gleiche Lage nochmal abends und da alle meine Befehle befolgt wurden, konnten wir den Korps-Gefechtsstand retten. Ich hatte nun einen wahren Stein im Brett meines Hauptmannes.

Kapitel 31

Stellenangebote, um Berufssoldat zu werden

Eines Tages war es so weit, dass ich mich dazu entschloss, Berufssoldat zu werden. Das wäre richtig klasse gewesen, weil ich dann aller Sorgen ledig gewesen wäre. Warum? Als Berufssoldat wäre ich Beamter auf Lebenszeit gewesen.

Mein Chef, Hauptmann E., war schließlich von mir überzeugt. Auch aufgrund der schon früher in einem Kapitel erwähnten Sandkastenausbildung. Wie ihr gelesen hattet, konnte ich ziemlich gut taktisch denken. Auf jeden Fall förderte mich mein Chef und wollte mich zum Berufssoldaten machen. Da gab es allerdings ein großes Problem. Wir hatten noch genau eine freie Stelle bei den schweren Zügen in unserer Kompanie. Es gab zwei Stabsunteroffiziere, die sich auf diese Stelle beworben hatten und somit in Konkurrenz standen. Der eine war ich, der andere mein Kamerad Heiko. Der hatte mit mir zusammen bei der Bundeswehr angefangen. Wir hatten zusammen einige Lehrgänge gemacht: den U-Lehrgang, den Führerschein und auch den ABC/SE-Lehrgang sowie den Feldwebel Teil 1. Und aufgrund der Grenzöffnung, dem Zusammenbruch des Ostblocks und des damit wegfallenden Feindbildes wurde die Bundeswehr reduziert und etliche Stellen wurden gestrichen, oder nicht mehr nachbesetzt.

Es dauerte ein paar Wochen, bis wir das Ergebnis bekamen, wer die Stelle in unserer Kompanie bekam. Mein Chef gab sich wirklich alle Mühe, dass ich derjenige wäre, der die Feldwebelstelle bekam. Aber der Vater von meinem Kameraden Heiko war S2 Feldwebel im Stab und hatte damit die besseren Beziehungen als mein Hauptmann. So kam es, dass Heiko die Stelle bekam und ich leer ausging.

Heute viele Jahre später, bin ich weder neidisch noch böse auf Heiko. Denn meine Entscheidungen, die ich danach traf, waren im Nachhinein die richtigen und besten, die ich treffen konnte. Das Einzige, was mich störte, war, dass Heiko nach acht Jahren den Beruf des Soldaten hinschmiss. Er hatte mir eine gute Möglichkeit verdorben, Berufssoldat zu werden. Aber wie gesagt, ich bin ihm nicht sauer.

Heute bin ich Polizeibeamter bei der Bundespolizei und heimatnah (dreizehn Kilometer bis zur Dienststelle) eingesetzt. Ich war viele Jahre draußen im operativen Dienst und bin nun seit drei Jahren Ausbilder. Das heißt einen vergleichsweisen ruhigen Job und jedes Wochenende frei. Auch an den Feiertagen bin ich zu Hause. Und ich brauche nicht ins Ausland und in irgendeinen Krieg.

Mein Chef war aber so von mir überzeugt, dass er mir alle Möglichkeiten einräumen wollte, doch noch die Chance auf den Berufssoldaten zu erhalten. Er telefonierte viel herum und ließ seine Verbindungen spielen. So geschah es, dass er mir eine Stelle in Doberlug-Kirchhain verschaffte. Allerdings bei einem Panzerbataillon. Und wie wir Aufklärer zu den Panzerbullen standen, hatte ich bereits zur Genüge dargelegt.

Nun, ich behielt es mir vor, mir die Kaserne in Doberlug-Kirchhain erst einmal anzuschauen, bevor ich zusagen wollte. Mein Hauptmann verstand das und genehmigte mir ein Dienstauto, mit dem ich in den Osten fahren konnte. Als ich dort ankam, dachte ich, mich trifft der Schlag.

Es handelte sich um eine sehr alte Kaserne, die in einem absolut maroden Zustand war. Die Gemeinschaftsduschen waren voller Schimmel, die Stuben waren auf einem Stand von vielleicht 1930. Heizung gab es nicht im eigentlichen Sinne, sondern es musste immer ein Soldat die Heizanlage im Keller mit Braunkohle bestücken. Die Kantine war total veraltet und speckig. Das Essen miserabel. Und dann auch noch ein Panzerbataillon. Das ging gar nicht.

Ich beschloss, dass ich nicht in dieser Einheit dienen wollte. Als ich wieder in meiner Stammeinheit war, berichtete ich meinem Hauptmann von der Kaserne, und er war derselben Meinung wie ich, dass das auf gar keinen Fall ginge. Also machte er sich daran, mir eine andere Stelle zu besorgen.

Nach ein paar Tagen hatte ich wieder einen Gesprächstermin bei meinem Chef. Er hatte mir eine Feldwebelstelle beim Jagdbomber-Geschwader 33 in Büchel in der Pfalz organisiert. Die Stelle war bei der Feuerwehr auf dem Standort. Also sowas wie eine Betriebsfeuerwehr. Allerdings sagte er mir gleich, dass es sich um eine SAZ (Soldat auf Zeit) acht Stelle handeln würde. Das hieße für mich, dass nach acht Jahren Bundeswehr Ende gewesen wäre. Es sei denn, ich hätte in der Zwischenzeit eine andere Stelle finden können.

Das Risiko, nach acht Jahren den Barras verlassen zu müssen, war mir zu hoch, denn da hätte ich in meinem alten Beruf als Maschinenschlosser als ungelernt gezählt und hätte wieder ganz von vorne anfangen müssen. Das wollte ich nicht.

Mein Hauptmann hatte volles Verständnis für meine Ablehnung der Stelle und begrüßte gewissermaßen meine Entscheidung. Er sagte mir aber auch, dass auch er nicht weiterwüsste. Zu der Zeit bot sich allerdings der BGS, die heutige Bundespolizei und mein Arbeitgeber, an, mich einzustellen.

Damals war es so, dass der BGS aufgrund der Grenzöffnung eine Unmenge an neuem Personal suchte. Um schnell über neue Beamte verfügen zu können, wurde von der Politik beschlossen, dass ehemalige Soldaten, die mindestens vier Jahre gedient hatten und mindestens Unteroffizier waren, die 2,5-jährige Ausbildung auf 1,5 Jahre verkürzt bekamen. Im Endeffekt entfiel bei der Ausbildung der „grüne Teil", also die Gelände- und Gefechtsausbildung. Der BGS hatte zu der damaligen Zeit noch den Kombattantenstatus und war gewissermaßen eine paramilitärische Einheit.

Nun, ich nutzte die Chance und konnte direkt nach meiner Bundeswehrzeit beim BGS anfangen. Mein Dienstzeugnis war dementsprechend gut, sodass mein Chef, der mir dieses Zeugnis ausstellte, sicher sein konnte, dass ich den Job kriegen würde.

Ich bin ihm dafür noch heute mehr als dankbar. Im Nachhinein bin ich froh, dass ich mich damals so entschieden hatte. Denn wenn ich heute daran denke, wie es geworden wäre, wenn ich tatsächlich Berufssoldat geworden wäre ... grauenvoll! Ich wäre vermutlich weit von meiner angestammten Heimat eingesetzt, denn es gab in der Nähe von meinem Zuhause keine Kasernen mehr. Ich hätte sehr oft im Ausland, zum Teil in Kriegsgebieten, dienen müssen. Dabei ging es mir als Ausbilder bei der Bundespolizei um Längen besser.

Kapitel 32

Fliegerabwehr-Lehrgang in Todendorf

Dann war es mal wieder Zeit, einen neuen Lehrgang anzugehen. Ich war nun wieder einige Zeit in meiner Stammeinheit und musste einfach mal wieder raus. Dieser Lehrgang ging vom 18. Januar 1994 bis 28. Januar 1994. Wir reisten an einem Montag gegen Mittag an. Todendorf liegt an der Ostsee.

Bei diesem Lehrgang ging es, wie der Titel schon sagt, um die Fliegerabwehr. Das ist ein sehr wichtiger Zweig in der Kriegsführung, denn auch wir würden im Falle eines Falles Luftfahrzeuge einsetzen.

Auch in diesem Lehrgang ging es zunächst mit grauer Theorie los. Wir lernten die feindlichen Luftfahrzeuge, Hubschrauber wie Flugzeuge, von den unseren zu unterscheiden. Dieses wurde anhand von Schattentafeln durchgeführt.

Die verschiedenen Flugzeuge, zum Beispiel des Warschauer Paktes, der damals unser Feindbild war, unterschieden sich von der Formgebung von denen der NATO. Es gab Erdkampfflugzeuge, wie die MiG-23 Flogger, oder Jagdflugzeuge wie die MiG-29 Fulcrum. Es gab allerdings auch Mehrzweckflugzeuge, die zum Luftkampf wie zur Bekämpfung von Erdzielen ausgelegt waren. Und natürlich auch Bomber, mit denen wir aber weniger zu tun hatten, da sie in Höhen flogen, in die unsere leichten Waffen nicht reichten.

Nachdem wir die graue Theorie hinter uns gebracht hatten, ging es eines Tages raus auf die Schießbahn. Wir schossen zunächst mit dem G3 Sturmgewehr von einer Art Gabel. Und natürlich auch mit dem Maschinengewehr MG3 vom Dreibein.

Dazu wurde das G3 in die Gabel aufgelegt und das MG3 auf dem Dreibein so befestigt, dass es zwar fest war, aber sich in alle Richtungen bewegt werden konnte. Später hatten wir dann noch die Gelegenheit, eine etwas größere Waffe zu schießen. Aber dazu später mehr.

Als Ziele hatten wir seinerzeit Propellerflugzeuge, die eine Art Luftsack hinter sich herzogen, auf den und nur auf den geschossen werden durfte. Der Luftsack befand sich etwa 1.000 Meter hinter dem Flugzeug. Kam das Flugzeug direkt von vorne, musste man bis drei zählen und dann durfte man erst schießen. Das hatte damit zu tun, dass die Sicherheit der Luftfahrzeugbesatzung nicht gefährdet wurde und man überhaupt die Chance hatte, den Luftsack zu treffen. Denn ansonsten wäre er zu weit weg gewesen.

Wir schossen mit fünf G3 gleichzeitig auf das Ziel. Jeder hatte ein Magazin mit 20 Schuss, die in kurzen Feuerstößen verschossen wurden. Wenn man bei diesen 100 Schuss, die in Richtung Ziel flogen, vielleicht drei bis fünf Schuss im Ziel hatte, war es ein sehr guter Durchgang.

Wenn wir mit den MG3 schossen, waren wir jeweils mit vier Waffen am Feind. Jedes MG hatte 200 Schuss, die ebenfalls in kurzen Feuerstößen verschossen wurden. Also insgesamt 800 Schuss. Deshalb war es schon ein gutes Ergebnis, wenn man 15 bis 20 Treffer hatte. Beim nächsten Fliegerabwehrschießen mit den MG3 wurde das Ganze etwas effektiver veranstaltet.

Wir schossen mit der sogenannten „Zwisola", das ist eine Zwillingssockellafette. Sie bestand aus einem Gestell, in dem zwei MG3 nebeneinander angebracht waren, und der Schütze dahinterstand und seine Schultern in zwei große Schulterbügel drückte. Pro Waffe waren 200 Schuss gegurtet. Das machte bei vier Schützen à zwei MG3 1.600 Schuss 7,62 Millimeter mal 51, die gegen das anfliegende Ziel verschossen wurden. Die Trefferwahrscheinlichkeit wurde dadurch natürlich höher. Und auch wir hatten dadurch mehr Treffer im Ziel.

Wie nicht anders zu erwarten, wurde uns Leuchtspurmunition ausgegeben. Die MG-Gurte hatten wir drei zu zwei gegurtet. Das heißt, dass auf drei normale Schuss zwei Leuchtspurgeschosse folgten. Aber was ist Leuchtspurmunition?

Nun, das ist Munition, bei der das Geschoss einen Anteil Phosphor enthält, welches beim Zusammentreffen mit Sauerstoff reagiert und einen leuchtenden „Feuerschweif" hinter sich herzieht. Den gab es in verschiedenen Farben. Ich selbst habe rote und grüne Leuchtspuren in meiner Bundeswehrzeit verschossen.

Und warum wurde die verwendet?

Auch das ist eine leichte Antwort. Nur so konnte man sehen, wo man überhaupt hin geschossen hatte. Sah man die Geschosse weit vor, neben oder hinter dem Ziel, konnte man nachjustieren, um das Ziel zu treffen.

Abends wenn wir wieder in die Kaserne kamen, war natürlich Waffenreinigen angesagt. Davor hatte es uns allen gegraut. Denn wir hatten mit den G3 circa 400 Schuss pro Waffe verschossen und mit den MG3 ungefähr 2.000 bis 3.000 Schuss pro Waffe verschossen.

Die Knarren waren also ziemlich dreckig. Aber zu unserem Erstaunen und zu unserer Freude wurden die Gewehre und die MG nur in Ihre Einzelteile zerlegt und über Nacht in ein Petroleumbad gelegt. Am nächsten Morgen wurden die Teile einfach mit Druckluft abgeblasen und die Waffen wieder zusammengebaut. Sie waren porentief rein. Und so ging es wieder auf die Schießbahn zum nächsten Durchgang.

Viel interessanter war das, was auf der Nebenschießbahn abging, denn auf der Bahn schoss die Flugabwehr mit ihren Geparden.

Der Gepard ist ein Flugabwehr-Panzer auf einem Leopard 1-Fahrgestell. Er besaß eine doppelläufige Maschinenkanone des Kalibers 35 Millimeter. An die Schussfolge erinnere ich mich nicht mehr, aber der Turm drehte sich wahnsinnig schnell. Wir konnten das Testen und durften in die Panzer und den Turm drehen. Solch eine Geschwindigkeit war ich von meinem Leoparden nicht gewöhnt. Das besondere an der Munition von den Geparden war, dass sie sich nach etwa 3,5 Kilometern selbst zerlegte. Sie explodierte einfach. Das war vorgesehen, um Ausfälle eigener Truppen ausschließen zu können. Denn ein 35 Millimeter Geschoss, das einem auf den Kopf fiel, tat nicht nur weh. Außerdem hatten diese Panzer zwei Radargeräte. Das eine war ein Suchradar, das sich ständig drehte und feindliche, wie auch befreundete Luftfahrzeuge aufklärten. Das andere war ein Folgeradar, dass das aufgefasste Luftfahrzeug anpeilte und die Waffen danach ausrichtete, um das Flugzeug oder den Hubschrauber abschießen zu können.

Wir hatten Gelegenheit, die Truppe beim Schießen zu beobachten. Die Waffenanlage war so gut, dass sie regelmäßig die Zugseile zerschossen. Und bei denen wurden die Luftsäcke nicht mit einer Turboprob-Maschine gezogen, sondern mit einem Lear Jet, also einem Düsenflugzeug.

Dann kam der Tag, an dem wir die Gelegenheit bekamen, eine größere Waffe zu schießen. Das war eine 20 Millimeter Flugabwehr-Kanone. Wie kam es nun dazu, da wir doch gar keine Ausbildung an der Waffe hatten? Das ist einfach erklärt.

Unser Chef fragte uns am Anfang des Lehrganges, ob jemand eine ATN (allgemeiner Tauglichkeitsnachweis) für die 20 Millimeter FLK (Flugabwehrkanone) habe. Da die meisten der Lehrgangsteilnehmer alles Unteroffiziere und Stabsunteroffiziere von der Aufklärungstruppe waren, hatten wir logischerweise auch „Leichte“ dabei. Also Kameraden die auf dem Spähpanzer Luchs eingesetzt waren. Und diese hatten eine 20 Millimeter BMK (Bordmaschinen-Kanone) als Hauptbewaffnung, die von der Funktionsweise genauso wie die FLK war. Also auch die ATN dafür.

Unser Hauptmann war der Meinung, dass es reicht, wenn mindestens zwei Kameraden eine ATN für diese Waffe hatten, um alle nach einer kurzen Einweisung damit schießen zu lassen.

So kam es, dass wir eine kurze, aber prägnante Einweisung bekamen und schießen durften.

Die Waffe funktionierte letztendlich wie ein übergroßes Maschinengewehr. Allerdings hatte sie eine große Lafette mit Rädern. Normalerweise wurde sie mit einem LKW gezogen, aber man konnte sie auch von der Besatzung von Hand bewegen. Wir hatten sie fest auf die Schießbahn gestellt, also die Räder hochgeklappt. Der Schütze saß dabei auf einem Sitz hinter der Kanone. Er hatte zwei Handkurbeln, mit denen er die Waffe in der Höhe und in der Seitenrichtung bewegen konnte. Am Höhenrichtrad befand sich ein Knopf, um die BMK abzufeuern. Außerdem gehörten noch Ladeschützen und Geschützführer dazu. Die Ladeschützen waren dafür verantwortlich, dass immer genug Munition in der Waffe war. Geladen wurde die Waffe mit Flachmagazinen, die jeweils zehn Granaten enthielten. Um das Ganze für uns einfacher zu gestalten, drehte der Richtschütze nur an der Höhenrichtkurbel, denn um beide Kurbeln zu benutzen, musste man Koordination haben, weil beide Hände gegensätzliche Bewegungen machen mussten. Und das musste man lange üben.

Wir machten es so, dass einer von uns die ganze Kanone am Sitz des Richtschützen in der Seitenrichtung bewegte. Es war ein Erlebnis, mit dieser Waffe zu schießen!

Nur die Ladeschützen mussten sich beeilen, weil die Magazine recht schnell verschossen waren. Unsere Trefferergebnisse waren trotz erstmaligem Schießen mit einer solchen Waffe recht gut. Die genaue Trefferzahl weiß ich jetzt nach 26 Jahren natürlich nicht mehr.

Wir versuchten uns auch an dem Lear-Jet, den eigentlich die Geparden benutzten. Aber der war dann doch zu schnell für uns. Denn man musste bedenken, dass sich der Turm des Gepards innerhalb von 2,5 Sekunden einmal um 360 Grad drehte. Das schafften wir natürlich nicht. Dieser Tag wird mir unvergesslich sein, auch weil wir am Nachmittag über zwei Stunden die Fliegerabwehrkanone reinigten.

Dann kam der Tag der Abreise und die Vergabe der Lehrgangsbescheinigung. Nach dem Wochenende ging es schließlich wieder zurück in die Stammeinheiten.

Kapitel 33

Patenschaft mit der 11th ACR in Fulda

Zu meiner Zeit, als ich bei der Bundeswehr diente, waren noch viele alliierte Verbände in Deutschland stationiert. Natürlich hatten die deutschen Verbände auch Freundschaften mit diesen Verbänden. Unser Partnerverband war das 11th Armored Cavalry Regiment (11th ACR). Ursprünglich stammte die Einheit aus Camp Carson in Colorado und wurde später im Jahr 1954 nach Fort Knox in Kentucky verlegt.

In Deutschland war das Hauptquartier in Fulda/Rhön. Dort war auch die 1st Squadron „Ironhorse“ beheimatet. Die 2nd Squadron „Eaglehorse“ lag in Bad Kissingen, die 3rd Squadron in Bad Hersfeld und die 4th Squadron „Thunderhorse“ war im Fuldaer Stadtteil Sickels beheimatet. Später kam dann noch die Combat Support Squadron „Packhorse“ dazu.

Nun, wir waren einige Male bei den Amis und hatten viel Spaß bei ihnen. Aber wie so oft kam der Tag, an dem auch die Amerikaner aufgrund der Truppenreduzierung Deutschland verlassen mussten. Da es den Eisernen Vorhang nicht mehr gab, waren die amerikanischen Truppen in Deutschland überflüssig. Ich glaube, es war Frühjahr 1994, als wir eine Einladung zum letzten Appell der 11th ACR erhielten. Wir wollten natürlich glänzen und den Amerikanern zeigen, was ein deutscher Soldat ist.

Wir deutschen Soldaten hatten nun mal einen guten Ruf bei den alliierten Truppen. Das rührte noch vom Zweiten Weltkrieg her. Der deutsche Soldat galt als harter, aber fairer Kämpfer, der viele Opfer auf sich nahm, um seinen Auftrag zu erfüllen und sein Land zu schützen. Das hat nichts mit Rechtsradikalismus zu tun. Davon möchte ich mich hier ausdrücklich distanzieren.

Nun, wir fuhren also nach Fulda, um an den Feierlichkeiten teilzunehmen. Damit auch alles gut ging, wurde natürlich vorher geübt. Wir wurden einheitsweise zwischen die amerikanischen Truppen gestellt und übten das Marschieren mit ihnen. Dabei gab es eine Besonderheit bei den Amerikanern. Während wir nur rechts und links schwenken kannten, welches in einem leichten Bogen vollzogen wird, kannten die Amerikaner zusätzlich noch das „kurze“ Wenden. Das heißt, dass man sich auf der Stelle, während des Marschierens, um 90 Grad dreht und weitermarschiert. Daran mussten wir uns erstmal gewöhnen. Aber wir verstanden es recht schnell, denn die Kommandos der führenden Vorgesetzten waren diesbezüglich eindeutig.

Am Rest des Tages wurde noch ein Barbecue von den Amis für uns veranstaltet, und wir hatten die Gelegenheit, uns ihre leichten Kettenpanzer anzuschauen. Das war der M2 Bradley. Auch ihre M1 Kampfpanzer konnten wir besichtigen. Aber die kannten wir schon vom Panzerschießen. Wir hatten schließlich auch schon mit denen geschossen.

Das Einzige, was anders am Schießen mit dem Panzer war, war, dass man höllisch aufpassen musste, beim Schießen nicht hinter die Bordkanone zu geraten. Denn die Amerikaner hatten keine Hülsenwanne, die die Hülsenreste nach dem Schießen aufnahm. Sondern man konnte sich frei hinter die Kanone stellen. Da diese Kanone jedoch über 30 Zentimeter Rücklauf hatte und das mit einer wahnsinnigen Gewalt, flog die Granate mit fünffacher Schallgeschwindigkeit, was tödlich enden konnte.

Beim Leopard 2 hatten wir zum Beispiel auch ein Schutzgitter zwischen Bordkanone und Kommandant/Richtschütze. Das hatten die M1 Panzer auch nicht. Stattdessen konnte man ein etwa 5 Zentimeter breites Blech diagonal von der Kanone zur Panzerdecke ziehen und einhängen. Das war saugefährlich. Wenn ich mich recht erinnere, schliefen wir die Nacht über in der Kaserne bei den Amerikanern und übten am nächsten Tag erneut.

Dann kam der Tag der Verabschiedung, und wir fuhren nach Fulda. Wir stellten uns auf, wie wir es dutzendmal geübt hatten. Es dauerte circa 30 Minuten, bis endlich alle standen und wir zum Antrete-Platz marschieren konnten. Der Einmarsch funktionierte hervorragend, und wir standen während der Zeremonie wie eine Eins. Einzig der ein oder andere amerikanische Soldat schwankte oder fiel sogar um.

Dann zogen Wolken auf, und es begann leicht zu regnen. Das war, glaube ich, als der amerikanische Oberbefehlshaber in Deutschland seine Rede hielt. Da war noch alles in Ordnung. Aber dann passierte es: Es fing heftig an zu schütten, und auf einmal liefen die Amerikaner wie von der Tarantel gestochen davon. Es muss ein irres Bild gewesen sein, wie der Platz leer war bis auf die wenigen deutschen Einheiten, die eisern in ihren Ausgehuniformen im strömenden Regen standen und sich nicht rührten. Der Regenschauer dauerte auch nur etwa drei Minuten, aber die reichten, um die Amis in die Flucht zu jagen. Dann wurde der Regen weniger, und wir hörten nur noch, wie der Oberbefehlshaber der amerikanischen Truppen befahl, dass die amerikanischen Soldaten sofort wieder anzutreten hatten. Wir konnten uns dabei ein leichtes Grinsen nicht verkneifen.

Als auch die dann wieder in Formation standen, sagte der General in etwa diese Sätze: „Meine Herren, schauen Sie sich die deutschen Soldaten an. An diesen sollten Sie sich ein Beispiel nehmen, die rennen nicht davon, wenn es regnet, anders als Sie. Ich schäme mich für ihr Verhalten und bin stolz auf den deutschen Soldaten. Sollte es einmal zu einem Krieg kommen und ich müsste zwischen Ihnen und den hier angetretenen deutschen Soldaten wählen, würde mir die Wahl nicht schwerfallen. Ich würde den deutschen Soldaten wählen, denn nur so könnten wir den Krieg gewinnen." Das ging runter wie Öl und machte uns stolz.

Später hatte das Ganze noch Auswirkungen für uns, denn der General der Amerikaner sorgte bei unserem Brigadegeneral dafür, dass wir zwei Tage Sonderurlaub bekamen. Damit hätten wir nicht nur das Kapitel in meinem Buch beendet, sondern auch das Kapitel der 11th ACR.

Kapitel 34

Als ich M16 schießen durfte

Nun, wieder zurück nach Hessisch Lichtenau, in meine Stammeinheit. Wir gingen mindestens einmal pro Woche auf unsere Standortschießanlage. Da schossen wir in der Regel, wenn nicht gerade Grundausbildung war, mit der Pistole P1, der Maschinenpistole MP2 Uzi und dem MG3. In der Grundausbildung natürlich hauptsächlich mit dem Gewehr G3. An diesem Tag jedoch schossen wir hauptsächlich mit dem MG3.

An diesem Tag war jedoch alles etwas anders, denn auch die Amerikaner waren zum Schießen da. Diese Truppe war auf dem Hohen Meißner dienstlich tätig. Dort war eine Abhöranlage der NATO, mit der man angeblich sogar den Taxifunk in Moskau abhören konnte. Ob das so war, kann ich nicht bezeugen, aber technisch war es wohl schon damals möglich.

Nun, wie dem auch sei, wir absolvierten unsere Übungen, und ich hatte große Lust zu den Amis zu gehen und zu schauen, wie sie ihre Übungen schossen. Ich meldete mich bei meinem Hauptfeldwebel ab und ging rüber auf die Schießbahn der Amerikaner.

Was ich dort sah, überraschte mich ein wenig, und ich entschloss mich, zu fragen, ob die Möglichkeit bestünde, auch mal mit ihren M16-Gewehren zu schießen. Ich sprach den Leutnant an, der in meinen Augen für das Schießen verantwortlich war. Ob er es war, kann ich heute nicht mehr sagen, aber er war der ranghöchste Offizier auf der Bahn.

Mit gemischten Gefühlen stand ich vor ihm, kramte meine mehr als dürftigen Englischkenntnisse zusammen und sprach ihn an. Zu meiner Überraschung antwortete er mir in recht gutem Deutsch. So kamen wir ins Gespräch, und er erzählte mir, dass seine Vorfahren deutsch und Ende des 19. Jahrhunderts nach Amerika ausgewandert waren. Bei ihm zu Hause wurde sehr darauf geachtet, dass die eigentlichen Wurzeln der Familie nicht vergessen wurden, und so wurde er zweisprachig erzogen.

Wir unterhielten uns eine Weile, und ich fragte ihn dann, ob es möglich wäre, dass ich auch mal ein paar Schuss mit einem M16 machen könnte. Er sagte, das sei überhaupt kein Problem.

Ich fragte ihn, bei wem ich mich melden müsse und wer mich in die Schießkladde einträgt. Da begann er zu lachen und meinte, dass es so etwas wie eine Schießkladde in der amerikanischen Armee nicht gibt. „Wir bekommen eine Kiste Munition, und es ist nicht gewünscht, dass Restbestände zurückgehen." Das hieß also, dass sie nichts eintragen mussten. Vielmehr war es so, dass wenn alles verschossen war, davon ausgegangen wurde, dass jeder Soldat auch geschossen hatte.

Weiter sagte er zu mir: „Da hinten steht die Kiste mit der Munition, nimm dir so viel wie du willst und geh schießen. Die Gewehre liegen daneben." Also ging ich zu der großen Kiste und bediente mich mit drei Magazinen à jeweils 30 Schuss. Daneben lagen wie gesagt die Gewehre, und ich suchte mir eines davon aus. Eine Bewachung an den Waffen oder der Munition gab es nicht. Alles lag einfach am Rande der Schießbahn.

Mit meinem Gewehr und den drei Magazinen ging ich nach vorne und reihte mich ein. Dann war es so weit. Ein Sergeant erklärte mir grob die Waffe.

Es war nicht viel anders als bei unserem G3. Der Magazinschacht war klar zu erkennen, und wie man die Waffe durchlud, wurde mir kurz gezeigt. Dann schoss ich die ersten Schüsse im Einzelfeuer und war überrascht, dass das Gewehr kaum Rückstoß hatte. Es hatte ein Kaliber von 5,56x45 Millimeter, nicht so wie unser G3, dass ein Kaliber von 7,62x51 Millimeter hatte. Es war im Vergleich fast so, als würde man mit einem Luftgewehr schießen.

Nachdem ich das erste Magazin im Einzelfeuer verschossen hatte, wurde ich mutiger und fragte, ob ich auch in Feuerstößen schießen dürfte. Der Sergeant meinte nur, das sei kein Problem. Und so verschoss ich das zweite Magazin in kurzen Feuerstößen. Das dritte Magazin aber verschoss ich in einem einzigen langen Feuerstoß.

Ich war ziemlich begeistert darüber, dass die Waffe sich trotz Dauerfeuer kaum aus der Richtung bewegte. So hatte ich auch mal mit einem M16-Gewehr geschossen.

Mittlerweile wusste ich auch, wie eine Kalaschnikow schoss. Ich hatte also die gängigsten Militärgewehre der Welt geschossen. Jedes hatte seine Vor- und Nachteile. Auf jeden Fall war es ein Erlebnis, das ich nicht missen möchte. Später hatte ich dann noch eine Begegnung mit der amerikanischen Armee. Aber dazu mehr in meinem nächsten Kapitel.

Kapitel 35

Besuch aus West Point

Wie schon zwischendurch erwähnt, hatten wir ab und zu auch etwas mit den Amerikanern zu tun. So auch an einem Tag, als wir von der 3. Kompanie des Panzeraufklärungsbataillon 2 ein Schießen mit Handwaffen ausrichten mussten.

Dieses Schießen war für uns alle etwas Besonderes. Denn wir hatten Gäste aus den USA, die Offiziersanwärter aus West Point. Dies war die Offiziersschule schlechthin in den USA. Die Offiziere, die dort stationiert waren, wurden sehr oft zu Berühmtheiten. General Dwight D. Eisenhauer, der Astronaut Buzz Aldrin, oder Ulysses S. Grant, wie auch George S Patton lernten dort.

Nun, wir hatten in unserem Bataillon auch einen Tag lang die Ehre, Absolventen dieser Militärakademie zu beschäftigen. Diese waren auf einer Deutschlandreise und unter anderem auch bei uns. Das hatte mit unserer Patenschaft mit der 11th ACR zu tun, von der ich bereits ausgiebig berichtet hatte. Ich weiß nicht mehr genau, wie viele Soldaten angereist waren, aber sie kamen mit einem Bus. Nachdem die Offiziersanwärter gefrühstückt hatten, kamen sie zu uns auf die Standortschießanlage.

Wir hatten mehrere Stände aufgebaut und so kamen die Männer und Frauen in den Genuss MG3, MP2 und auch die Pistole P1 zu schießen. Ich war als Aufsicht bei der Pistole eingesetzt. Das Ziel waren je drei Mannscheiben, die auf 25 Meter beschossen werden sollten.

Das war eigentlich nicht schwer, wenn nicht gewisse Probleme bei dem einen oder anderen Schützen aufgetreten wären. Wir hatten alle Richtungen von Schützen und Schützinnen. Der eine Soldat stand wie ein Cowboy und schoss dementsprechend auch so, also mehr aus der Hüfte als gezielt. Die Trefferquote war demnach auch schlecht. Der nächste Soldat schoss sehr schnell die acht Schuss und traf auch. Allerdings nur eine Scheibe, weil er nicht verstanden hatte, dass alle drei Scheiben bekämpft werden sollten. Der folgende Soldat schoss so langsam, dass, wenn sich die Scheiben bewegt hätten, sie ihn erwürgen würden, bevor er jede Scheibe einmal beschossen hatte.

Aber am lustigsten war eine Offiziersanwärterin in Verbindung mit meinem Oberfeldwebel, der die Leitung auf dem Stand innehatte. Das Ganze ging folgendermaßen vor sich:

Sie empfing die Munition und wollte also schon mal die Patronen verkehrtherum in das Magazin drücken. Ich half ihr schließlich, als ich das bemerkte, und sie schaute mich verdutzt an. Dann stand sie mit teilgeladener Waffe auf dem Stand und schaffte es kraftmäßig nicht, die Pistole vollständig zu laden. Sie brachte es nicht fertig, den Verschluss nach hinten zu ziehen. Also lud ich ihr die Waffe. Mittlerweile war mein Oberfeldwebel auch zu uns gestoßen und schmunzelte. Das Härteste kam aber danach.

Sie versuchte den Abzug durchzuziehen und schaffte das nicht. Es war so, dass sie immer mehr zu wackeln anfing und es partout nicht fertigbrachte, den Abzug bis zum Ende zu ziehen.

Mein Oberfeldwebel stand hinter ihr, klopfte ihr auf die Schulter und sagte in seinem unverwechselbaren Englisch: „Ey ist hart ey, Baby, Heeeh."

Alle, die das gehört hatten, konnten sich vor Lachen kaum noch einkriegen.

Sie verzweifelte und ich machte ihr klar, dass sie auch den Hahn (Schlaghebel) vorspannen konnte. Damit schaffte auch etwa 150 Zentimeter große, junge Dame es und schoss mit der Pistole. Und erstaunlicherweise traf sie sogar.

Nebenan wurde MG3 geschossen und wir freuten uns schon darauf, zu sehen, wie die zierliche Frau mit dem Maschinengewehr schießen würde. Oder viel mehr, wie das Maschinengewehr mit ihr schoss.

Aber weit gefehlt, sie schaute erstmal bei einem ihrer Kameraden beim Schießen zu und entschied sich, lieber doch nicht zu schießen. Wir fanden das selbstredend schade und versuchten sie zu überreden. Doch das schafften wir leider nicht. Aber es wäre bestimmt lustig gewesen.

Am Abend waren wir zu einem gemeinsamen Essen mit den West-Pointlern geladen. Wir trugen unsere Ausgehuniformen und es war schön anzusehen, welch wunderschöne Uniformen die Damen und Herren aus West Point trugen. Es war jedenfalls ein sehr netter Abend, an dem die besten Schützen geehrt wurden. Aber die Sonderehrung war die lustigste. Das betraf natürlich die junge Dame.

Ihr schien das nicht einmal peinlich zu sein. So sind jedoch die Amis. Wenn es einen Preis gab, war man stolz darauf, auch wenn es einfach lächerlich war.

Am nächsten Morgen fuhren die Absolventen aus West Point nach dem Frühstück weiter nach Würzburg. Wir aber hatten noch lange etwas zu lachen und ein Spruch geisterte immer wieder durch unsere Kompanie: „Ey ist hart Ey, Baby, Heeeh.“

Kapitel 36

Wie die Bahn fast einen Luchs verlor und mein Hauptfeldwebel seinen Leo von der Kette ließ

Dann war es mal wieder so weit und wir fuhren ins Manöver. Diesmal nach Baumholder. Das liegt bekanntlich in der Pfalz in der Nähe von Idar-Oberstein. Wir hatten morgens normal um 07:00 Uhr Dienstbeginn.

Wir fuhren mit unseren Leoparden runter zum Verladeplatz, weil wir auch diesmal im Bahntransport in unser Manövergebiet, den Schießplatz, gebracht wurden. Was wir nicht wussten, war, dass die Fahrt bis dahin fast zwei Tage dauern sollte. Denn Militärtransporte hatten in Friedenszeiten nur nachrangige Beförderungen. Also standen wir tagsüber die meiste Zeit auf irgendeinem Abstellgleis und mussten Posten rausstellen, die unseren Zug bewachten. Ich wusste allerdings nicht, was die Soldaten hätten machen können, wenn jemand einen Panzer stehlen wollte. Denn nur die Gruppenführer, unter anderem ich, hatten je eine Pistole mit acht Schuss Munition. Die Soldaten selbst gingen mit ihren Maschinenpistolen, Typ UZI, ohne Munition auf Streife um den Zug.

Aber nun zu dem eigentlichen Thema dieses Kapitels.

Als wir an der Verladestation in Hessisch Lichtenau angekommen waren, wurden zuerst unsere Leoparden von uns auf die Waggons verladen. Das war nicht einfach. Denn der Kommandant musste immer vor dem Leopard sein und durfte niemals auf dem gleichen Wagon stehen, auf dem sich auch der Panzer befand. Und es durfte sich immer nur einer bewegen. Entweder der Panzer oder der Einweiser.

Dadurch dauerte das Ganze eine ganze Weile, bis wir unsere zehn Panzer verladen hatten. Das Verladen war auch deshalb schwierig, weil die Ketten der Panzer auf beiden Seiten zur Hälfte über die Wagon-Außenkanten hinausragten.

Aber irgendwann war es so weit und die Panzer waren verladen. Nun noch schnell die schweren Kettenschürzen an den Leoparden nach oben funktionieren, weil sonst unser Panzer nochmal 20 Zentimeter über die Bordwände hinausgeragt hätten.

Nachdem wir unser Panzer verkeilt und verzurrt hatten, wurden die Waggons auf ein Abstellgleis gebracht und die Luchse konnten verladen werden.

Das Verkeilen ging so vonstatten, dass vor die Ketten jeweils schwere Eisenkeile gelegt wurden. Der Panzer fuhr etwas darauf und dann wurden auch hinter die Ketten Keile gelegt. Der Fahrer nahm nun den Fuß von der Bremse und ließ den Panzer nach hinten rollen. Hatte man alles richtig eingeschätzt so stand der Panzer fest zwischen den vier Keilen. Wenn das nicht der Fall war, fuhr der Fahrer wieder vor und der Kommandant musste mit einem schweren Brecheisen die hinteren Keile aus dem Holzboden der Waggons heben, um sie neu zu setzen. Wenn alles stimmte, wurden die Panzer über Kreuz und mit großen Eisenketten am Wagonboden festgezurrt.

Dann kamen die Luchse an die Reihe. Im Gegensatz zu unseren Leoparden wurden die Spähpanzer nicht über die Kopframpe, also direkt von vorne, aufgefahren, sondern über die Seitenrampe verladen. Das hieß, sie mussten mit den Radpanzern seitlich auf die Waggons fahren. Waren noch wenige Luchse verladen, war das eigentlich relativ einfach, weil genug Platz war. Es waren viele leere Waggons vorhanden über die man die Panzer langsam richtig abstellen konnte. Je mehr Waggons aber beladen waren, umso schwerer war das Verladen. Man hatte kaum noch Platz zum Manövrieren.

Dann passierte aber etwas, mit dem keiner gerechnet hatte. Ein Teil der Luchse war verladen, als ein Bahnmitarbeiter meinte, den Wagon etwas weiter nach hinten an die Kopframpe fahren zu lassen, damit auch der letzte Luchs verladen werden konnte. Die Besatzung des letzten Luchses, der verladen wurde, meldete, dass der Panzer noch nicht verzurrt sei. Bei den Luchsen war es so, dass die Außenkanten der Reifen mit dem Ende der Wagonbreite abschlossen. Sie standen also auch sehr knapp auf den Waggons. Es bestand demnach die Gefahr, dass der Luchs, der nicht verzurrt war, vom Wagon kippte. Aber der Lokführer meinte, dass er sehr vorsichtig fahren könne und nichts passieren würde.

Da er der Chef und Hauptverantwortliche der Bahn beim Verladen war, mussten wir ihn gewähren lassen.

Der Zug setzte sich nach hinten in Bewegung, um die drei Meter bis zur Kopframpe zu fahren. Das ging gut. Der Zug fuhr ganz langsam und selbst ein volles Glas Wasser hätte nicht einen Tropfen verloren. Aber das Anhalten war hart.

Der Wagon stieß an den Poller am Ende der Schienen und der Luchs rutschte dadurch vom Wagon. Er hing mit den hinteren beiden Achsen komplett vom Wagon. Ebenso hatte die zweite vordere Achse den Waggon verlassen und nur noch die erste Achse hatte Kontakt mit dem Boden des Waggons. Hätte die Besatzung nicht die ersten vorderen Ketten verzurrt, wäre der Spähpanzer wahrscheinlich komplett vom Zug gefallen und hätte auf der Seite gelegen.

Es musste erst der Bergepanzer kommen, der bei solchen Aktionen immer in Bereitschaft stand, und den Luchs wieder auf den Wagon heben. Dadurch verschwendeten wir dank der Bahn zwei Stunden. Wir konnten den Fahrplan nicht mehr einhalten und hatten dadurch längere Wartezeiten. Das war auch der Grund, warum wir fast zwei Tage gebraucht hatten, um nach Baumholder zu gelangen.

Als wir endlich in Baumholder ankamen, wurde problemlos entladen und die Fahrzeuge auf den Kettenabstellplatz gebracht. Die Panzer und anderen Militärfahrzeuge blieben natürlich über Nacht nicht allein auf dem Abstellplatz, sondern wurden wieder durch uns Soldaten bewacht. Aber diesmal hatten alle scharfe Munition in ihren Waffen.

Nun aber zum zweiten Teil dieses Kapitels.

Wie sich jeder denken konnte, waren wir nicht „nur“ zum Vergnügen in Baumholder auf dem Übungsplatz. Nein, wir mussten auch arbeiten. Also fuhren wir jeden Tag auf die verschiedenen Schießbahnen und übten. Wir schossen, fuhren Angriffe, und fuhren auch in Verbindung mit den leichten Kräften, Spähpanzer Luchs und dem Spähtrupp.

Eines Tages, als wir zum Schießen auf der Schießbahn waren, passierte Folgendes: Nachdem die Panzer geschossen hatten, fuhren sie von der Schießbahn in den Bereitstellungsraum zurück. Auch unser Hauptfeldwebel, von dem ich schon mal geschrieben hatte. Der, der jahrelang im Stab gedient hatte, bevor er zu uns in die Kampfkompanie versetzt wurde.

Genau der Hauptfeldwebel, den ich bei der Sandkastenausbildung sozusagen „vorgeführt“ hatte. Ach ja, über den gibt es noch ein gesondertes Kapitel. Über die Dinge, die er gemacht hatte und die zum größten Teil sehr lustig waren, wenn sie einen nicht direkt betreffen. Aber dazu im nächsten Kapitel mehr.

Nun, der Hauptfeldwebel kam mit seiner Besatzung von der Schießbahn in den Bereitstellungsraum. Die Besatzung war eigentlich sehr gut aufeinander eingespielt. Aber eine Mannschaft war eben nur so gut wie das schwächste Glied.

Wir hörten den Panzer schon von weitem, als er in den Bereitstellungsraum fahren wollte. Er fuhr sehr schnell um die Kurve und dann von der festen Straße auf den Bereitstellungsplatz, der allerdings nicht aus festem Untergrund, sondern aus weichem Sand bestand.

Alles wäre gut gegangen, wenn der Panzer nur etwas langsamer gefahren wäre. Aber der Hauptfeldwebel ließ den Panzer im weichen Untergrund anhalten. Auch das hätte kein Problem dargestellt, wenn der Leopard in einem großen Bogen auf seinen Abstellplatz gefahren wäre. Aber wie wir später erfuhren, befahl der Hauptfeldwebel seinem Fahrer, er solle auf der Hochachse wenden. Langsam fahren wäre gut gewesen, weil es ziemlich eng auf dem Platz war und da auch andere Panzer und Soldaten unterwegs waren. Aber für ein Kettenfahrzeug war es „tödlich", im weichen Untergrund auf der Hochachse zu wenden.

Auf der Hochachse zu wenden bedeutet, dass das Kettenfahrzeug auf der Stelle gedreht wird. Dabei dreht sich die eine Kette vorwärts und die andere rückwärts. Das Fahrzeug dreht sich also wie ein Kreisel auf der Stelle. Das funktioniert aber nur auf festen Untergrund. Ist der Untergrund weich, wie in diesem Beispiel mit weichem Sand, kann es passieren, dass sich der Panzer von der Gleiskette dreht.

Und genau das passierte dann auch.

Der Fahrer fragte wohl noch einmal, ob er wirklich im weichen Sand auf der Hochachse wenden sollte.

Nach Aussage der restlichen Besatzung, Richtschütze und Ladeschütze, wiederholte der Hauptfeldwebel seinen Befehl und untermauerte diesen mit den Worten: „Soldat, das war ein Befehl, den Sie auszuführen haben." Er wollte wohl mal wieder seine Macht demonstrieren.

Nun, der Fahrer hatte alles richtig gemacht und den Befehl infrage gestellt. Danach führte er den Befehl aus.

Die Folge war natürlich, dass sich der Leopard mit seinen über 60 Tonnen Gewicht zu drehen begann und sich dabei über die

Kette schob. Das Problem war dabei, dass die Kette im weichen Untergrund nicht so schnell mitdrehen konnte, wie es das Laufwerk des Fahrzeuges tat. Die Kette sprang von den Laufrollen und damit war der Panzer bewegungsunfähig.

Wir besahen uns das Dilemma und mussten unweigerlich lachen. Denn so ein Fehler passierte eigentlich keinem, der ein wenig Ahnung hatte. Aber anscheinend hatte unser Hauptfeldwebel diese nicht.

Die Luchse der Leichten

Sein Fehler war, dass er nicht nachdachte, wie so oft, und meinte, er müsse seinen Dienstgrad herauskehren und seinen Fahrer vorführen. Der Fahrer machte das einzig Richtige und ließ seinen Kommandanten einfach auflaufen.

Er bekam sehr große Vorwürfe durch seinen Hauptfeldwebel. Aber nicht von unserem Chef. Der hatte auch das Ganze verfolgt und den Funk mitgehört.

Denn unser Hauptfeldwebel hatte dummerweise nicht über die Bordsprechanlage mit seinem Fahrer gesprochen, sondern über Funk. Dadurch konnte unser Hauptmann auch die ganze Unterhaltung inklusive des Befehles mithören. So wie auch alle anderen Soldaten, die zu der Zeit am Funk waren. Es hätte also noch nicht einmal der Aussagen der restlichen Besatzung gebraucht.

Unser Hauptfeldwebel gab natürlich dem Fahrer die Schuld und stritt seinen Befehl ab. Jedenfalls bis zu dem Zeitpunkt, als unser Hauptmann ihn zur Seite nahm und ihm sagte, dass er alles über Funk gehört hatte.

So stand nun der Leopard nur noch mit einer intakten Kette im weichen Sand. Das Problem war, dass die Instandsetzung die Kette trennen und den Panzer von der Kette ziehen musste, um diese wieder neu aufzuziehen.

Ein Bergepanzer zog die Kette unter dem Leoparden weg, um sie neu in Position zu bringen. Das ist darum ein Problem, weil der Panzer ohne Kette weniger Gewichtsverteilung hatte und dadurch immer tiefer in den Sand sackte.

Zur Veranschaulichung ein kleiner Exkurs in die Physik:

Legt einfach einen schweren Eisenblock in weichen, feinkörnigen Sand oder einen Behälter mit Wasser. Er wird untergehen. Nun legt den Klotz auf ein Brett und dieses dann in den Sand oder auf das Wasser. Das Gewicht wird durch das Brett besser verteilt, und der Klotz geht nicht unter. So verhält es sich auch bei einem Kettenfahrzeug, wenn es von der Kette ist.

Nun sackte der Panzer also immer weiter ab, bis nur noch die Hälfte der Laufrollen zu sehen war. Nachdem der Berge-Leopard die Kette positioniert hatte, mussten wir den Panzer mit Spaten und Schippen stückweise freischaufeln, und der Bergepanzer zog dabei den Leopard langsam wieder auf eine Gleiskette. Die ganze Aktion dauerte mehrere Stunden. Um den Schießbetrieb aufrechtzuerhalten, musste jeder mit anpacken und helfen. Glücklich waren diejenigen, die zum Schießen abgerufen wurden.

Aber das Härteste war, dass der Hauptfeldwebel nicht einmal eine Kiste Bier für die Helfer bezahlt hatte. Ich glaube, er ist heute, über 20 Jahre später, immer noch davon überzeugt, dass er keinen Fehler gemacht hatte, sondern dass allein der Kraftfahrer die Schuld trug. Manche Menschen waren nun mal so überzeugt von sich selbst, dass sie glaubten, fehlerfrei durchs Leben zu gehen und immer die anderen die Schuld hatten.

Der Panzer vom Hauptfeldwebel nach dem Wenden auf der Hochachse im weichen Untergrund

Kapitel 37

Der Hauptfeldwebel

So, meine lieben Leser, jetzt ist der Zeitpunkt, an dem ich etwas näher auf meinen Hauptfeldwebel eingehen möchte, von dem ihr hier schon so einiges lesen konntet. Dieser Hauptfeldwebel, dessen wahren Namen ich hier aus Schutzgründen nicht nennen werde, hatte einige Dinge gemacht, die recht lustig waren. Nennen wir ihn einfach Anton.

Also, Anton kam irgendwann in unsere Kampfkompanie. Er war vorher, wie schon erwähnt, etwa zehn Jahre im Stab beschäftigt. Er war also ein Schreibtischtäter, der ehrlich gesagt keine Ahnung vom Geschehen in einer Kampfkompanie hatte. Das war aber auch nicht verwunderlich, wenn man zehn Jahre nur an einem Schreibtisch gesessen hatte.

Er schlug nun also eines Tages bei uns in der Kompanie auf und bekam aufgrund seines Dienstgrades auch gleich einen ganzen Zug zugeteilt. Unser Chef achtete natürlich darauf, dass er Anton erfahrenes Stammpersonal als Ausbilder zugeteilt bekam. Die Idee war gar nicht schlecht, nur war Anton der Meinung, er hätte die Weisheit mit Löffeln gefressen, und kehrte sogleich seinen Dienstgrad heraus. Das kam selbstredend nicht gut bei den Ausbildern an. Aber sie versuchten anfangs, das Beste daraus zu machen. Irgendwann war ihnen jedoch das Gehabe von Anton zu viel, und sie stellten ihre Unterstützungsversuche ein und machten Dienst nach Plan und Befehl.

Ich möchte euch hier ein paar Anekdoten erzählen, die Anton in seiner Zeit bei uns gerissen hatte. Wie Anton sich gegenüber dienstgradniedrigeren Soldaten verhielt, habt ihr schon in den Kapiteln 29, 30 und 36 gelesen. Einmal die Sandkastenausbildung und wie ich ihn mit dem Gefechtssimulator abgeschossen hatte. Aber da gab es noch mehr, was Anton sich geleistet hatte.

Ein Beispiel war der 5.000-Meter-Lauf. Jeder Soldat musste einmal pro Jahr das Deutsche Sportabzeichen machen, unter anderem auch unser Anton. In der Regel wurde bei den Dienstgraden etwas getrickst, jedenfalls bei den Höheren. So kam es vor, dass zum Beispiel der obligatorische 5.000-Meter-Lauf nicht immer auf der Tartanbahn gemacht wurde, sondern bei dem einen oder anderen auch schon mal im Aufenthaltsraum der Unteroffiziere am

Tisch. Das war eigentlich ein offenes Geheimnis und wurde geduldet, aber es musste natürlich im Rahmen bleiben.

Anton jedoch war der Meinung, dass er, bei geschätzten 20 Kilogramm Übergewicht, die 5.000 Meter in unter 20 Minuten gelaufen sei. Das Problem daran war allerdings, dass er damit auch noch vor seinen Soldaten prahlte. Das kam jedoch unserem Chef zu Ohren, und er sprach Anton darauf an. Anton sagte zum Chef, dass seine Leistung der Wahrheit entsprechen würde. Er hätte das Deutsche Sportabzeichen schon zum fünfzehnten Mal abgelegt, und er wäre ein guter Sportler. Das ist bei 20 Kilo Übergewicht allerdings nur schwer zu glauben. Unser Hauptmann versuchte, Anton eine Brücke zu bauen, und bat ihn, seine Leistung zu relativieren. Anton weigerte sich jedoch.

Unser Chef fragte, wer denn die Leistung abgenommen habe. Anton sagte darauf, dass er das Sportabzeichen nach Dienst in seiner Freizeit im örtlichen Sportverein abgelegt hatte. Das hätte er die ganzen Jahre so gemacht und würde das auch nicht ändern.

Da wurde es unserem Chef zu viel. Er fühlte sich veralbert und befahl unserem Anton, am nächsten Morgen mit seinen Soldaten die 5.000 Meter im Dienst zu laufen. Anton hatte nun keine Möglichkeit, sich aus der Affäre zu ziehen. So trat er am nächsten Morgen im dienstlichen Sportanzug zum Lauf an. Und wie nicht anders zu erwarten, schaffte Anton gerade einmal zwei Runden. Um die 5.000 Meter zu bewältigen, sind aber 12,5 Runden zu laufen. Aber Anton brach ab, und natürlich war nicht er schuld, sondern die Bahn, auf der gelaufen wurde. Ein wirklich kläglicher Versuch, sich herauszureden. Alle lachten natürlich, und Anton zog wie ein begossener Pudel davon. Er hatte die Brücke, die ihm der Hauptmann gebaut hatte, einfach nicht genutzt. Er hätte sich viel Gelächter ersparen können.

Ein anderes Beispiel war, wie wir mit unseren Panzern auf unserem Standortübungsplatz Spähtrupp-Fahren übten. Es war ein kalter Morgen, und wir hatten uns gerade an unseren Leoparden eingefunden, um den technischen Dienst vor der Abfahrt zu machen. Da es kalt war, hatten wir unsere Panzerkombis an und auch das wärmende Innenfutter. Das war damals aus Plüschfell. Anton allerdings hatte auch noch seinen Parker rüber gezogen. Damit sah er aus wie ein Michelin Männchen. Wie gesagt, er hatte etwa 20 Kilogramm Übergewicht. Das wäre alles kein Problem gewesen, wenn unsere Einstiegsluken nicht so verdammt eng gewesen wären.

Anton wollte in seinen Panzer einsteigen. Der Richtschütze saß schon auf seinem Platz vor dem Kommandanten. Zuerst verschwanden Antons Beine in der Luke. Das Fatale daran war aber, dass sich sein Parker beim Einsteigen nach oben schob, und so kam, was kommen musste. Anton blieb stecken. Er kam weder weiter in den Panzer rein, noch kam er wieder raus. Er steckte einfach fest. Das war natürlich sehr peinlich für ihn, und wir konnten uns vor Lachen nicht mehr einkriegen. Anton schrie um Hilfe. Der Ladeschütze musste Anton an den Schultern fassen und versuchte, ihn aus der Einstiegsluke zu ziehen. Das gelang aber nicht, und so musste der Richtschütze auch noch von unten drücken.

Irgendwann war Anton frei und hatte nichts anderes zu tun, als dem Hersteller des Panzers laut fluchend Vorwürfe zu machen. Natürlich war nach Antons Meinung nicht er selbst schuld, sondern die Firma Krauss-Maffay, die die Einstiegsluke für den Leopard viel zu klein gestaltet haben sollte.

Ja, so war Anton. Er suchte die Schuld immer bei den anderen, nie bei sich selbst.

An einem anderen Tag, ein paar Wochen später, waren wir wieder auf unserem Standortübungsplatz unterwegs. Diesmal hatten wir jedoch auch unsere Kaddaks aufmontiert. Ein Kaddak ist ein sogenanntes Kanonendarstellungsgerät. Das dient dazu, um einen Panzerschuss mit der Hauptwaffe, unserem Kanonenrohr, akustisch darzustellen. Mit einfachen Worten: Es knallt, wenn man abdrückt. Diese Knallkörper sind etwa zehn Zentimeter lang, fünf Zentimeter im Durchmesser und sind mit Knallpulver gefüllt, ähnlich wie Silvesterknaller. Das Kaddak wird am Beginn des Rohres kurz vor dem Panzerturm angebracht, und die Knallkörper werden elektrisch über den Abzug des Richtschützen gezündet.

Nun, wir hatten die Dinger auf unseren Panzern und waren gerade in einem Feuergefecht, als unser Anton meinte, er müsse seinen Leopard bis auf die Höhe meines Kaddak vorziehen, um etwas sehen zu können. Eigentlich hätte er uns von hinten sichern sollen, aber Anton wusste es mal wieder besser.

Nun kam er gerade in dem Moment mit seinem Kopf direkt auf Höhe meines Kaddak an, als mein Richtschütze abdrückte. Im

Gegensatz zu uns anderen Kommandanten trug Anton aber nicht nur Kopfhörer zur Verständigung und zum Funken, sondern eine Panzerhaube. Das ist so ein Ding wie eine Mütze oder ein Helm. Dummerweise hatte er die Haube nicht unter seinem Kinn festgezurrt, sondern hatte sie locker aufgesetzt. Durch die Druckwelle, die beim Schießen entstand, hob sich seine Haube etwas an, und als sie wieder herunterrutschte, bedeckte sie seine Augen. Er sah also nichts mehr. Aber für uns war es ein Bild für die Götter, wie er versuchte, wieder Sicht zu bekommen. Und wieder hatten wir einiges zum Lachen.

Aber damit war noch nicht genug.

Anton bekam einen solchen Schrecken, dass es ihm wohl auf den Magen schlug. Jedenfalls verließ er seinen Leopard, um einen Spatengang zu tätigen. Kurz gesagt: Er musste zum Stuhlgang. Nach etwa zehn Minuten kam er breitbeinig laufend zurück.

Was war geschehen: Wenn man „kacken" musste, musste man die Hose runterziehen. Da wir aber als Panzerbesatzungen immer einen Overall trugen, musste man daran denken, dass man nach dem Abhocken mit einer Hand von vorne durch die Beine griff und den Overall nach vorne zog. Machte man das nicht, schiss man sich unweigerlich selbst in die Sachen. Und genau das war Anton passiert. Anstatt allerdings den Mut zu haben und sich die Kacke aus dem Overall zu nehmen, zog er seinen Overall einfach wieder hoch und verteilte die Kacke dadurch schön breit in seinen Sachen. Es könnte aber auch sein, dass Anton gar nicht bemerkte, dass er sich seinen Overall vollgeschissen hatte.

Auf jeden Fall hatten wir sehr viel Mühe, unser Lachen zu verbergen. Anton ließ sich dann mit einem Jeep in die Kaserne fahren, um zu duschen. Als wir sahen, wie er zum Mercedes GE ging und sich auf den Beifahrersitz setzte, und dann noch das verzogene Gesicht des Fahrers sahen, konnten wir nicht mehr an uns halten und prusteten vor Lachen los.

Ja, das war nun unser Hauptfeldwebel Anton. Wir hatten viel Spaß auf seine Kosten. Ich weiß gar nicht, was aus ihm geworden ist. Er war schließlich Berufssoldat, und ich war dann auch bald aus der Bundeswehr entlassen worden. Aber Anton werde ich nie vergessen.

Kapitel 38

Wie ein Soldat nach seiner Pistole tauchen musste

Wie ihr ja wisst, schreibe ich hier so manche lustige Episode. Was aber für den einen lustig ist, ist für den anderen nicht sonderlich amüsant. So auch in dem Fall, den ich euch hier schildern möchte. Es war ein Tag auf irgendeinem Übungsplatz in Deutschland. Welcher das war, weiß ich leider nicht mehr genau. Es könnte Baumholder gewesen sein, aber auch Putlos oder Grafenwöhr. Aber das ist eigentlich auch ziemlich egal, weil die Örtlichkeiten überall ähnlich sind.

Wir waren also an diesem schönen sonnigen Tag mit unseren Panzern zum Schießen auf der Schießbahn. Wie üblich hatten wir nicht nur mit dem Schießen zu tun, sondern hatten auch viele Wartezeiten. Und was machte man in den Wartezeiten? Man holte Schlaf auf dem Panzer nach, trank (natürlich keinen Alkohol, da Dienstzeit) oder aß etwas. Wenn man aber aß, musste das, was man dem Körper zuführte, auch irgendwann einmal wieder raus. So auch bei dem Kraftfahrer eines unserer Leoparden.

Er meldete sich also bei seinem Kommandanten ab, um einen Spatengang zu tätigen. Auf Deutsch: Er musste mal auf die Toilette. Nun ist es so, dass die Toiletten auf den Schießbahnen keine richtigen Dixi-Klos waren. Nein, zu meiner Dienstzeit bestanden diese Toiletten aus acht bis zwölf Holzboxen, die nebeneinanderstanden und einfache Plumpsklos waren. Wir nannten diese Toiletten je nach Anzahl der Boxen eben sechs-, acht-, zehn- oder Zwölfzylinder.

Der Unwissende musste sich das so vorstellen: Es war eine große Grube ausgehoben, über der die miteinander verschraubten Boxen standen. Man setzte sich auf ein Holzbrett, in dem ein Loch war, und verrichtete sein Geschäft. Die Ausscheidungen fielen einfach nach unten in die große Grube. Eine Spülung gab es nicht. Dementsprechend schlecht war auch die Geruchsentwicklung, besonders im Sommer, wenn es warm war.

Nun ging der Panzerfahrer also in Richtung des Zwölfzylinders, um sich zu erleichtern. Aber er vergaß, eine entscheidende Sache vorher zu tun. Wer jetzt denkt, dass er das Klopapier vergessen haben könnte, irrt sich. Das hatte er dabei. Aber unsere Panzerfahrer waren mit der Pistole P1 bewaffnet, und diese trugen sie in einem Holster, das direkt im Panzeroverall eingenäht war. Wir durften schließlich keine Koppel mit Holster oder irgendwas anderes tragen, an dem man im Panzer hängen bleiben konnte. Ja, wir durften noch nicht einmal unsere Hundemarken (Erkennungsmarken) am Hals tragen. Man hätte sich ja damit strangulieren können. Als wenn das ginge, da die Ketten doch leicht zu zerreißen waren! Die trugen wir deshalb in der linken Brusttasche unserer Overalls.

Er hätte seine Pistole in seinem Fall entweder auf dem Panzer lassen sollen, oder er hätte sie in seinem Holster sichern sollen. Das tat er aber nicht. Jedenfalls zog er seine Kombi runter, um sich auf das Klo zu setzen und seine Notdurft zu verrichten.

Da passierte es, dass seine Pistole sich selbständig machte und aus dem Holster glitt. Und dabei hatte er auch noch Pech, denn die Pistole fiel durch das Loch im Brett und verschwand in der großen Grube. Mit anderen Worten: Sie fiel in die Scheiße.

Der Soldat erledigte sein Geschäft und kehrte zu seinem Kommandanten zurück, um ihm von dem Vorfall zu berichten. Der Kommandant musste diesen Vorfall natürlich sofort dem Kompaniechef melden, denn schließlich handelte es sich um eine scharfe Waffe.

Unser Hauptmann ließ den armen Soldaten zu sich kommen und sagte ihm, dass es völlig egal sei, wie er wieder an seine Pistole gelangen würde. Fakt war jedoch, dass die Pistole bis zum Ende des Schießens an diesem Tag zurück sein musste.

Also wurde überlegt, wie man die Pistole im wahrsten Sinne des Wortes aus dieser misslichen Lage befreien könnte. Dann hatte ein anderer Soldat die rettende Idee. Mittlerweile wusste fast jeder in der Kompanie, was dem armen Kraftfahrer passiert war. Solche Geschichten verbreiten sich schneller als ein Lauffeuer.

Die Idee war, dass der Soldat an einem Seil kopfüber in die Grube abgelassen werden sollte, um dort nach der Pistole zu suchen. Aufgrund der üblen Geruchsbelästigung sollte er seine ABC-Schutzmaske tragen. Da dies die einzige erfolgversprechende Möglichkeit war, wurde es so durchgeführt.

Es war ein Schauspiel, und fast die ganze Kompanie sah dabei zu, wie der bedauernswerte Soldat in die Grube abgelassen wurde. Er suchte mindestens fünf Minuten in der Grube nach seiner Pistole, wühlte dabei bis zu den Oberarmen in den Exkrementen herum.

Als er endlich wieder oben war und sich mit den bereitgestellten Wasserkanistern grob gewaschen hatte, berichtete er, dass er Unmengen an Übungsmunition gefunden hatte, meist MG-Gurte. Das war auch so eine Anordnung: Es durfte auf den Schießbahnen auf gar keinen Fall Übungsmunition auf den Panzern oder Waffen vorhanden sein. Da aber eigentlich immer irgendwo im Panzer Übungsmunition gefunden wurde, die von Übungen auf den Standortübungsplätzen stammte, musste diese heimlich entsorgt werden. Denn auf unseren kleinen Standortübungsplätzen konnten und durften wir ja nicht mit scharfer Munition schießen. Und was war einfacher, als mal schnell eine der Toiletten aufzusuchen und die Munition so zu entsorgen.

Dann wurde der Fahrer schnell in die Kaserne gefahren, um sich ordentlich duschen zu können, denn er stank wie ein Schwein. Die ABC-Schutzmaske, die er bei der Aktion trug, tat übrigens ihre Pflicht. Der Soldat sagte uns, dass er fast nichts gerochen habe, aber der Gedanke allein daran, wo er sich befand, ließ ihn fast erbrechen.

Abends wurde dann wie üblich Bier getrunken, und seit diesem Vorfall wurde von jedem Rekruten und auch von jedem Dienstgrad peinlichst darauf geachtet, dass man tunlichst ohne Waffe zum 12-Zylinder ging, denn niemand wollte auf Tauchstation gehen. Selbst unser Hauptmann gab seine Pistole vor dem Gang ab, obwohl das gar nicht nötig war, denn er trug ein verschließbares Holster am Gürtel.

Kapitel 39

Manöver in Shilo/Manitoba in Kanada

Mein schönster Übungsplatzaufenthalt fand in Kanada statt, zwischen dem 15. Juni 1994 und dem 4. Juli 1994. Zu Beginn des Jahres 1994 versammelte uns unser Kompaniechef und teilte uns mit, dass unsere Kompanie für einen Übungsplatzaufenthalt im Sommer vorgesehen sei. Das war zwar keine Neuigkeit für uns, da wir wussten, dass wir im Sommer auf einen Übungsplatz fahren würden, aber diesmal sollte es ein besonderer Einsatz sein.

Wir sollten für drei Wochen nach Shilo verlegen, einem Übungsplatz in Kanada, wo unter anderem die Grenadiere, die Panzertruppe und die Artillerie übten. Normalerweise übten dort keine Aufklärer, also verlegten nur unsere schweren Teile nach Shilo.

Der Anfang unseres Aufenthalts war vielversprechend. Wir wurden in unserer Kaserne mit den Gegebenheiten in Kanada vertraut gemacht, mit einem Dia-Vortrag und einer Broschüre über Kanada. Wir erfuhren, dass wir drei Wochen in Kanada sein würden, wobei wir am ersten Wochenende eine große Übung durchführen würden. Am zweiten Wochenende hatten wir von Freitagmittag bis Montagmorgen frei und durften das Lager verlassen. Dies galt auch für Dienstgrade während der Woche außerhalb der Dienstzeiten, außer für diejenigen, die spezifische Dienste wie Wachhabender oder UvD hatten. Rekruten durften nur am zweiten Wochenende das Lager verlassen, aber aufgrund guter Leistungen bekamen auch sie ab der dritten Woche Ausgang bis zum Wecken.

Wir verlegten also nach Köln/Bonn zum Militärflughafen, wo bereits ein Flugzeug der Bundesluftwaffe auf uns wartete, das uns nach Winnipeg bringen sollte. Der Flug dauerte ungefähr acht Stunden bis zur Zwischenlandung in Goose Bay an der Ostküste Kanadas, wo wir zum Tanken anhielten. Danach ging es noch einmal drei oder vier Stunden weiter nach Winnipeg.

Der Flieger, den wir hatten, war modern. Wir durften rauchen und hatten Radio und Fernsehen an Bord, ähnlich wie bei heutigen Langstreckenflügen im Urlaub. Das war damals bei der Bundeswehr nicht üblich. Der Flug verging recht schnell, aber beim

Warten auf das Tanken in Goose Bay, dass fast zwei Stunden gedauert hatte und währenddessen die Klimaanlage ausfiel, wurde es bei fast 40 Grad Außentemperatur etwas unangenehm.

Dennoch war es keineswegs langweilig für uns. Wir standen am Rande der Startbahn und konnten beobachten, wie unsere Luftwaffe übte. In Goose Bay befand sich damals ein Tieffluggebiet für unsere Tornados und andere Kampfflugzeuge.

Es war ein beeindruckendes Schauspiel, die Flugzeuge zu beobachten. Wir sahen zum Beispiel zwei startende Tornados, die eng in Formation über die Startbahn jagten. Gleichzeitig flogen zwei andere Tornados quer über die Startbahn, und bevor die ersten beiden abgehoben hatten, folgten schon die nächsten beiden auf der Startbahn. Diese Koordination erforderte äußerste Präzision, um sicherzustellen, dass die sechs Flugzeuge nicht kollidierten.

Nach zwei Stunden ging es dann weiter nach Winnipeg. Als wir dort ankamen, wurden wir recht schnell von den kanadischen Behörden bei der Einreise abgefertigt und bestiegen unsere Busse, die uns nach Shilo bringen sollten. Das bedeutete eine weitere 180 Kilometer lange Busfahrt, die jedoch angenehm war, da wir Greyhound-Busse hatten. Diese sind sehr geräumig und bequem.

Auf dem Weg nach Kanada

Nach weiteren zwei oder drei Stunden erreichten wir endlich den Übungsplatz Shilo.

Shilo ist eigentlich nur ein Übungsplatz. Aber es gibt dort natürlich auch feste, kanadische Truppenteile und auch deutsches Stammpersonal, die dort mit ihren Familien wohnen. So entstand eine kleine Stadt.

Eingangsschild vom Truppenübungsplatz mit SU Trube

Als wir im Lager ankamen, wurden uns zunächst unsere Unterkünfte gezeigt. Nachdem wir unsere Sachen abgelegt hatten, mussten wir sofort auf dem großen Antreteplatz antreten. Die Rekruten schliefen in großen Schlafsälen, während die Dienstgrade direkt im selben Gebäude untergebracht waren, nur durch eine dünne Trennwand getrennt. Auch wir lagen zu viert in jeder Stube.

Nach dem Antreten hielt zunächst unser Kompaniechef eine kurze Antrittsrede, gefolgt vom Standortkommandeur und schließlich dem Stabsarzt. Es war überraschend, dass sogar der Stabsarzt anwesend war, was ungewöhnlich war. Doch bald sollten wir erfahren, warum auch er zu uns gekommen war.

In der Rede des Standortkommandanten wurden einige wichtige Punkte erwähnt, die ich hier hervorheben muss. Er erklärte uns, dass das Lager zweigeteilt sei: Ein Teil war für die kanadische Armee reserviert, inklusive eines Wohngebiets für die Familienangehörigen. Dort gab es auch Läden und die Möglichkeit, Autos zu mieten, um in die nächste Stadt Brandon zu gelangen, die immerhin 35 Kilometer entfernt war. Des Weiteren wurden wir darauf hingewiesen, dass das Lager von den Kanadiern bewacht wurde, die im Ernstfall schnell von der Schusswaffe Gebrauch machen würden.

Wir wurden auch vor den Frauen der Militärangehörigen in Acht genommen, die gelegentlich leicht bekleidet am Fenster standen und deutsche Soldaten zu einem Rendezvous einluden. Dies sollte vermieden werden, da es disziplinarische Maßnahmen nach sich ziehen könnte, wenn nicht sogar Ärger mit den Ehemännern.

Doch dann folgte eine überraschende Ankündigung des Stabsarztes. Er erklärte, dass wir sicherlich auch nach Brandon fahren würden, um dort an Homepartys teilzunehmen oder sie zu organisieren. Zur Vermeidung von Krankheiten würden wir von der Bundeswehr Kondome erhalten. Jedes Päckchen enthielt drei Kondome, und bei Bedarf könnten leere Päckchen gegen neue ausgetauscht werden, alles auf Kosten der Bundeswehr. Als ein Sanitätsgefreiter und eine Obergefreite die Kondome verteilten, mussten wir schmunzeln. Es war schon amüsant, was die Kameradin sich anhören musste, als sie die Gummis ausgab. Ein Soldat schlug vor, gemeinsam die Haltbarkeit der Kondome zu testen, worauf sie gekonnt antwortete: „Dazu müsste schon ein Mann und kein kleiner Junge kommen.“ Das brachte uns alle zum Lachen, und so waren wir nun auch mit diesen wichtigen Dingen versorgt.

Von den Homepartys hatten wir auch schon in Deutschland gehört, aber es als Schabernack abgetan. Nachdem wir jedoch Kondome erhalten hatten, zeigten wir plötzlich mehr Interesse an diesen Partys und waren neugierig. Zum Glück hatten wir ältere Dienstgrade dabei, die schon einmal in Kanada gewesen waren. Aber dazu später mehr.

Nach dem Antreten wurden wir entlassen und konnten unsere Stuben beziehen. Die Seesäcke waren bereits dort. Wir Dienstgrade beschlossen jedoch, dass wir zunächst ein Auto brauchten, um abends nach Brandon fahren zu können. Also begaben wir uns in den kanadischen Teil des Lagers, um ein Auto zu mieten. Wir entschieden uns für einen kleinen roten Wagen, einen Chrysler Neon, der ungefähr so groß war wie ein Opel Astra. Wir mieteten ihn mit vier Kameraden, um Kosten zu sparen. Ich glaube, wir zahlten damals 200 kanadische Dollar, also 50 pro Mann. Das war auch nicht zu teuer, da wir pro Kopf ein Buschgeld von 600 Dollar bekamen, zusätzlich zu unserem Lohn.

Nachdem wir ein Auto hatten, räumten wir unsere Stuben ein. Gegen 18:00 Uhr Ortszeit war dann Dienstschluss. Da wir Dienstgrade Ausgang bis zum Wecken hatten, machten wir uns sofort nach einer Dusche auf den Weg nach Brandon.

Wir hatten einen Oberfeldwebel dabei, von dem noch zu sprechen sein wird. Dazu aber etwas später. Der war schon einmal in Kanada gewesen und wusste, wo wir hinmussten, um Spaß zu haben. Der Laden, in den es gehen sollte, nannte sich Keystone-Motor-Inn. Das war eine Mischung aus Spielhölle, Kneipe und Striplokal.

Solche Autos fuhren in Kanada herum

Als wir dort eintrafen, lief gerade ein Stripshow, bei der uns die Augen aus dem Schädel fallen wollten. Auf der Bühne war eine junge Frau, die komplett bekleidet war. Vor sich auf der Erde standen kleine Töpfe mit Farbe. Wir setzten uns möglichst nah an die Bühne und warteten, auf das, was passieren würde. Und dann ging die Show los.

Als Erstes tanzte die junge Dame in Rhythmus der Musik und fing langsam an, sich zu entkleiden. Zuerst fiel ihr Mantel, dann zog sie sich langsam die Hose aus. Irgendwann stand sie nur noch mit Slip und weißem T-Shirt bekleidet auf der Bühne. Ihre Bewegungen wurden immer schneller im Rhythmus der Musik. Plötzlich riss sie sich das T-Shirt vom Leib und stand nur im Slip bekleidet mit großen, nackten Brüsten vor uns. Damit war nicht genug.

Sie ging an den Rand der Bühne und drückte einem Feldwebel von mir ihre prallen Titten mitten ins Gesicht. Er musste echt an sich halten, um nicht mit den Händen zuzugreifen. Denn das war verboten. Das sagte uns unser Oberfeld schon vor Betreten des Ladens.

Seine Worte waren in etwa so: „Egal was passiert, wenn eine der Tänzerinnen zu euch kommt, genießt es und lasst die Hände, wo sie sind. Anfassen ist nicht erlaubt. Mehr als der Dame einen Dollarschein in den Slip zu stecken, war nicht erlaubt."

Als sie ihre großen Euter wieder aus dem Gesicht des Feldwebels löste, hatte der ein puterrotes Gesicht und Schnappatmung. Aber damit war die Show noch nicht zu Ende. Als Nächstes zog sie den Slip aus und warf sich direkt vor uns auf die Bühne. Sowas hatten wir noch nie gesehen. In Deutschland konnte man das nur in einschlägigen Schuppen auf der Reeperbahn sehen. Aber die Dame war tatsächlich komplett nackt.

Sie lag auf dem Bauch etwa einen Meter von uns entfernt. Plötzlich drehte sie sich auf den Rücken und spreizte ihre Beine fast zum Spagat. Ich konnte direkt in ihre blanke Mitte schauen und fast die Lungenflügel sehen. Die Kameraden und ich wären fast wahnsinnig geworden. So ein Rohr hatten wir lange nicht mehr gehabt. Aber wir hatten auch noch nicht viel von der Lagerverpflegung gegessen.

Auf jeden Fall ging die Show der Dame weiter. Als Nächstes rieb sie sich die Brüste und ihre Scham mit den Farben ein. Dann legte sie sich auf das weiße T-Shirt, sodass ihre Möpse einen perfekten Abdruck auf dem Stoff hinterließen.

Nachdem sie das Shirt umgedreht hatte, machte sie tatsächlich einen perfekten Spagat auf dem Stoff, so dass auch noch ein genauer Abdruck ihrer Körpermitte zu erkennen war. Dann nahm sie das Shirt und wickelte es um ihren Finger. Sie drehte sich und es war klar, dass sie das T-Shirt gleich in die tobende Menge werfen würde.

Das tat sie auch, aber leider nicht in meine Richtung. Ein anderer Soldat aus einer fremden Einheit hatte das Glück, den bunt verzierten Stoff zu fangen. Dann war ihr Showakt beendet und die nächste Dame kam auf die Bühne.

Diese war etwa 20 Jahre alt, groß gewachsen und hatte lange, schwarze Haare, die bis zu ihrem Hintern reichten. Auch sie legte einen gekonnten Strip hin. Als auch diese Dame komplett nackt war, kam sie von der Bühne, setzte sich auf einen Kameraden und begann auf seinem Schoß einen wilden Ritt. Wenn er auch nackt gewesen wäre, hätte er sicher eingeklinkt. Als sie fertig war, hatte der Kamerad feuchte Flecken auf der Hose. Diese stammten angeblich von ihr. Aber als wir ihn ansprachen, weil er einen so gelösten Gesichtsausdruck hatte, gestand er uns, dass er einfach abgeladen hätte. Nun ich denke, das wäre jedem anderen von uns auch so ergangen.

Nachdem die junge Dame wieder auf der Bühne war, legte sie sich rücklings auf den Boden und platzierte einen Quarter direkt auf ihrem glattrasierten Schamhügel. Dann wurden wir aufgefordert diesen mit einem Dollar herunterzuwerfen. Schaffte man es, konnte man auf die Bühne gehen und sich seinen Dollar und den Quarter holen. Allerdings legte die junge Dame diesen Quater und auch den Dollar vorher auf ihrem Busen ab und man durfte sich das Geld mit den Lippen angeln. Das gelang aber nur einem einzigen Soldaten. Klappte der Wurf nicht, so durfte die Frau das Geld behalten. Die Dame nahm durch diese Aktion bestimmt um die 100 Dollar ein.

Dann war unser erster Abend vorüber und wir fuhren gegen Mitternacht wieder in die Kaserne. Aber auch nur dieses eine Mal. Die restlichen Abende blieben wir bis zum Dienstbeginn in Brandon.

So, nun aber wie angekündigt zur Lagerverpflegung.

Das Essen war eigentlich ganz gut. Es war nahrhaft und hatte auch einen guten Geschmack. Aber es ging das Gerücht herum, dass in dem Essen Hängolin sei. Das war anscheinend ein Pulver, das ins Essen gemischt wurde, um die Hormone der Soldaten im unteren Bereich zu halten.

Mit diesem Hängolin im Essen war es dann so, dass man sich die Show, die ich oben beschreiben hatte, sparen konnte, weil sich in der Hose nichts geregt hätte. Wir mussten das nach zwei bis drei Tagen auch feststellen, weil wir das Essen der Bundeswehr genossen. Das Gute daran war aber, dass, wenn man das Essen absetzte, nach zwei Tagen wieder alles in Ordnung war und der kleine Soldat wieder ganz groß wurde. Nun, nachdem wir unsere Bestätigung hatten, dass Hängolin im Essen war, aßen wir entweder im Schnellimbiss bei den Kanadiern oder abends in Brandon. Das Brot und der Aufschnitt waren schließlich nicht „verseucht", sondern nur die warme Verpflegung.

Man sagte, dass dieses Mittel bei allen größeren Übungsplatzaufenthalten eingemischt wird.

So, jetzt aber wieder zu den alltäglichen Dingen in Kanada. Aber was heißt alltäglich? Wir fuhren jeden Tag zum Schießen und die Tage gingen dahin. Ebenso die Nächte, da wir jeden Abend auf der Rolle waren. Aber eins muss ich hier erzählen:

Wir hatten eine ganz große Pfütze im Lagerbereich. Diese war mit Barken abgesperrt. Warum man eine Pfütze mit Barken absperrte, ahnten wir zu der Zeit noch nicht. Nun, eines Tages, als wir vom Kettenabstellplatz kamen, kam unser Cheffahrer, ein HG (Hauptgefreiter), auf die Idee, mit dem Mercedes GE (Wolf) durch diese Pfütze zu fahren. Wir waren dabei und wollten uns das Schauspiel ansehen. Wir konnten schließlich nicht ahnen, was noch auf uns zukommen würde.

Also räumten wir die Barken zur Seite und machten ihm dadurch die „Gewässerdurchfahrt" möglich. Das Wasser war etwas trübe und man konnte nicht sehen, wie tief die Pfütze war. Das sollte sich zum Problem entwickeln.

In dieser Pfütze versenkte der HG den Wolf des Chefs

Unser Hauptgefreite gab Vollgas, damit das Wasser weit spritzen konnte. Er fuhr in die Pfütze und auf einmal war der Wolf bis über die Hälfte der Seitenscheiben verschwunden. Der HG erschreckte sich so sehr, dass er vom Gas ging und der Wolf sofort zum Stehen kam und voll mit Wasser lief.

Das Ende vom Lied war, dass der Motor ausging und der HG und der Wolf voll mit Brackwasser lief. Irgendwann stieg der HG aus, nahm ein Drahtseil, das ihm ein Kamerad mittlerweile geholt hatte, und schlug den Wolf an.

Wir holten unterdessen unseren Mietwagen und banden das andere Ende des Seils an unserem Wagen fest, um den Wolf aus der Pfütze zu ziehen. Unglücklicherweise kam in diesem Moment unser Kompaniechef vorbei - der Teufel wusste, wie er herausfand, dass sein Hauptgefreiter seinen geliebten Wagen versenkt hatte. Jedenfalls lief das Wasser in breiten Bahnen aus dem Auto. Unser Hauptgefreiter stand triefend vor Brackwasser vor dem Hauptmann und versuchte, die Situation zu erklären.

Unser Hauptmann winkte jedoch mit einem leichten Lächeln ab und sagte nur: „Hauptgefreiter H., morgen früh ist mein Auto wieder picobello sauber, trocken und wie neu. Wie Sie das schaffen, ist mir scheißegal!" Der arme Hauptgefreite putzte und wienerte den Wolf die halbe Nacht lang.

Eine andere Sache waren die Homepartys, von denen wir viel gehört hatten, meist von den älteren Dienstgraden, die schon einmal in Shilo waren. Das lief in etwa so ab: abends fuhren wir ins Keystone-Motor-Inn, von dem ich schon erzählt hatte, die Kneipe mit den Stripshows. Dort tranken wir ein paar Biere und sprachen die Frauen an, oder sie sprachen uns an und fragten: „Do you want a homeparty?“ Natürlich sagten wir ja.

Dann ging es gegen 24:00 Uhr nebenan in den Giftshop, um uns mit Bier einzudecken, vorzugsweise Paletten mit Budweiser-Bier, was einfacher zu transportieren war als lose Flaschen. Die Organisation solcher Partys war nicht schwer, denn die meisten Frauen waren unter 21 Jahre alt.

Einige fragen sich vielleicht, was das Alter der Damen mit den Partys zu tun hatte. Nun, in Kanada darf man mit 16 Jahren Auto fahren, mit 18 eine Schusswaffe besitzen, aber erst ab 21 Alkohol kaufen. Da die Kanadier gerne feiern und trinken, ist es notwendig, jemanden zu finden, der bereits 21 ist, um Alkohol zu bekommen.

Wie dem auch sei, es dauerte nicht lange, bis alles klar war. Wir besorgten das Bier, und die beiden jungen Frauen sorgten dafür, dass genügend Frauen auf der Party waren. Dann ging es nach dem Einkauf zu einer der Damen nach Hause, und es wurde die ganze Nacht gefeiert. Und dass jeden verdammten Tag. Wir waren nachts in Brandon und fuhren zum Dienstbeginn in die Kaserne, bestiegen unsere Panzer und fuhren auf die Schießbahnen. Wenn man Glück hatte, dann hatte man nicht das erste Rennen und konnte demnach ein, zwei Stunden in der Sonne auf dem Panzer liegen und schlafen-

Wer sich jetzt fragt, wie das gehen kann, solange nicht auf der Schießbahn rumzufahren, dem sei gesagt, dass man Shilo nicht mit deutschen Übungsplätzen verwechseln darf. In Deutschland war es damals so, dass man auf den Panzer-Schießbahnen vielleicht ein oder zwei Kilometer fahren und schießen konnte, dann war wegen der Sicherheit Schluss. In Kanada sah das anders aus. Wenn ich allein an Deilinghofen denke, war die Schießbahn so groß, dass man gut und gerne 30 Kilometer fahren und schießen konnte. Ich weiß nicht genau, wie groß der Übungsplatz Shilo war, aber ich weiß, dass wir, wenn wir in Deilinghofen waren, allein schon eine gute Stunde Anfahrt hatten.

Sonnenbad nach durchzechter Nacht in Brandon (Homeparty)

Nun, zu unserem Ablauf in den drei Wochen Aufenthalt in Shilo: morgens zum Panzerschießen auf die Bahnen, dann in die Kaserne, duschen und ab nach Brandon. Dort ins Keystone-Motor-Inn und eine Homeparty organisieren. Bis zum Morgengrauen feiern und die Damen beglücken, dann zurück in die Kaserne. Umziehen, auf die Panzer, raus zum Schießen, wieder rein, duschen und ab nach Brandon. Ausgenommen waren die Wochenenden. Am ersten Wochenende fuhren wir eine Gefechtsübung, auf die ich später noch eingehen werde, die Woche darauf fuhren wir nach Winnipeg, und danach feierten wir mit allen Soldaten eine Grillparty an einem See.

Was die Homepartys betraf, hatten wir sehr viel Spaß, und auch die dienstlich gelieferten Kondome wurden verbraucht. Kurz gesagt, die Partys arteten manches Mal in regelrechte Orgien aus. Ab und an hatte man große Probleme, ein freies Zimmer zu finden, in das man mit einer der Damen gehen konnte, um dem Liebesspiel zu frönen. Aber darauf gehe ich nicht näher ein.

Was noch lustig war, jedenfalls für alle außer unserem Stabsunteroffizier L., war eine Begebenheit, die sich an einem Abend im Keystone-Motor-Inn zutrug.

Wir saßen an der Bar, tranken ein, zwei Bier und wollten mal wieder eine Party feiern. Nun war es so, dass wir die Damen nicht mehr ansprechen mussten, denn die sprachen uns an. Wir waren dafür bekannt, ausgiebig Getränke zu besorgen und gerne zu feiern.

Wir saßen also an der Bar, und neben meinem Kameraden L. saß eine junge hübsche Frau von vielleicht 20 Jahren. L. und ich unterhielten uns, und er sagte plötzlich: „Alter, guck dir mal das Geschoss neben mir an. Die würde ich sofort mitnehmen."

So ging es die ganze Zeit. Er konnte es nicht lassen, immer wieder zu ihr zu schauen und sich in gebrochenem Englisch mit ihr zu unterhalten. Es war schon lustig, sich anzuhören, wie er mit ihr in einem sehr schlechten Englisch zu kommunizieren versuchte. Zwischendurch schwärmte er immer wieder zu mir gewandt und in Deutsch, dass er so geil sei, dass er sie in allen möglichen Stellungen nehmen würde, wenn er die Gelegenheit dazu bekommen würde. Und dann geschah etwas, mit dem wir nicht gerechnet hatten und das uns fast vom Barhocker gehauen hätte. Er erwähnte mal wieder, wie scharf er auf das Mädchen wäre und drehte sich zu ihr um, damit er mit ihr sprechen konnte.

Da sagte sie in einem nahezu perfekten Deutsch: „Wenn du ficken willst, sollten wir losfahren. Ich bin nämlich auch scharf auf dich." Es stellte sich heraus, dass sie in Deutschland aufgewachsen war, weil ihr Vater dort an der kanadischen Botschaft gearbeitet hatte.

Wie dem auch sei, keine drei Minuten später waren die beiden weg. Ich sagte noch zu meinem Kameraden, dass er den Dienstbeginn nicht verpennen sollte. Wir anderen verbrachten die Nacht wieder in irgendeinem Haus in Brandon und feierten, was das Zeug hielt.

Am nächsten Morgen wollten wir wieder zum Schießen raus. Aber wer fehlte? Unser SU L. Wir versuchten alles, um sein Fehlen zu vertuschen. Ich sagte seinem Richtschützen, dass er den Panzer auf die Schießbahn führen sollte und wenn sie mit Schießen dran wären, würde einer der anderen Kommandanten den Platz von SU L. einnehmen.

Das Rausführen des Leopard 2 war nicht das Problem. Der Fahrer musste nur hinter uns herfahren. Und einen Kommandanten auf den Bock zu kriegen war auch nicht schwer. Wichtig war nur, dass unser Chef nichts merkte. Der war zwar in Ordnung, aber wenn es rauskam, dass ein Kommandant wegen Alkohol oder Sex nicht zum Dienst kam, konnte auch unser Chef nichts anderes tun, als ein Exempel zu statuieren. Wir taten alles zur Vertuschung, aber das half nichts.

Wir waren gerade auf der Schießbahn und das erste Rennen lief, als unser Spieß mit seinem Geländewagen kam und den SU L. zur Schießbahn brachte. Was war passiert? Die beiden hatten nach einer heißen Nacht natürlich verschlafen. Sie fuhr ihn nach dem Aufwachen direkt in die Kaserne. Aber da waren wir schon weg gewesen. Anstatt dann in unsere Stube zu gehen und sich ruhig zu verhalten, ging dieser Depp zum Spieß und meldete sich verspätet und wurde prompt rausgefahren. Das Problem war allerdings, dass alle Soldaten mitbekamen, wie er gebracht wurde. Der Chef sprach ihn an und was sagte der Idiot?

„Entschuldigung, Herr Hauptmann. Ich habe bei einer Dame verschlafen!"

Unser Chef hatte nun keine Möglichkeit mehr, die Sache gerade zu biegen, da alle die Meldung mitbekamen. Also verdonnerte er unseren SU L. zu Zapfenstreich an diesem Abend um 22:00 Uhr. Das hieß für SU L., dass er diesen Abend sicherlich nicht nach Brandon konnte. Als wir dann in die Kaserne kamen und uns duschten und zum Ausgehen fertig machten, begann L. mit einer Blitzbetäubung in Form von Entleeren diverser Bierdosen. Er schaffte es, sich innerhalb von 90 Minuten so zuzurichten, dass wir ihn gegen 20:00 Uhr, kurz vorm Abfahren nach Brandon, stinkbesoffen in sein Bett legten. Ungeduscht und im Panzerkombi. Wir aber hatten wieder mal eine geile Nacht.

Jetzt möchte ich erstmal auf unser Grillwochenende eingehen. Das wird nicht viel zu schreiben sein, aber es war doch sehr lustig. Wir fuhren also an diesem freien Wochenende mit allen zusammen an einen kleinen See in der Nähe. Na ja, klein bedeutete in Kanada, dass man nicht zwingend das jenseitige Ufer erkennen konnte. Im Vergleich zu den Seen in Deutschland war dieser riesig.

Wir hatten vor zu grillen und Kanu zu fahren. Das Schöne an dem See war, dass er nicht sonderlich tief war, etwa bis zur Schulter an der tiefsten Stelle. Bevor wir unsere Kanus bestiegen, tranken wir natürlich erstmal eine Menge Budweiser. Dann ging es los.

Nicht lange nach dem Ablegen kam einer von uns, schon sehr angetrunken, auf die Idee, ein anderes Kanu zu versenken. Er und sein Kamerad fuhren auf ein anderes Kanu zu und packten es an einem Ende, schaukelten es so wild, dass es umkippte. Wer weiß, wie ein Kanu gebaut ist, weiß, dass es einfach ist, ein Kanu zum

Kippen zu bringen, denn die Kanus liegen flach auf dem Wasser und haben keinen Kiel zur Stabilisierung.

Wie dem auch sei, sie kenterten das Kanu der anderen, die sich das nicht gefallen ließen und ihrerseits das Kanu der anderen zum Kentern brachten. Kurz darauf waren wir alle komplett nass, weil jeder baden ging. Das Doofe daran war nur, dass wir alle unsere Sachen wie den Truppenausweis und Geld am Mann hatten und dass alles total durchnässt war. Es war schon ein großartiges Bild, wie viele Soldaten in Unterwäsche saßen und ihre Sachen inklusive aller Papiere trockneten. Zwischendurch gab es T-Bone-Steaks, die so groß waren wie ein Pizzateller, und natürlich reichlich Bier. Am nächsten Morgen ging es dann zurück zur Kaserne und die Boote und Zelte wurden gesäubert. Abends dann natürlich wieder nach Brandon.

Aber jetzt zu einer anderen Geschichte, die einerseits ziemlich lustig war, andererseits aber auch zu ernsthaftem Ärger hätte führen können.

Gelegentlich hatten wir die Gelegenheit, etwas Sport zu treiben, als ob unsere nächtlichen Aktivitäten nicht schon genug wären! Eines Tages kam unser Spieß auf die Idee, einen kleinen Geländelauf zu veranstalten. Für ihn war das ein etwa zehn Kilometer langer Lauf.

Also wurde der Befehl erteilt, dass jeder Soldat daran teilnehmen müsse. Wir hatten zwar keine Lust dazu, besonders weil es im Sommer in Kanada sehr heiß war, aber wir hatten keine Wahl. Ein entscheidendes Problem war jedoch, dass wir schon über zwei Wochen in Kanada waren und die Trennung von unseren Familien ihre Spuren hinterließ. Der sogenannte Lagerkoller machte sich bemerkbar, besonders bei einem unserer Unteroffiziere.

So groß waren die Steaks

Nach dem Lauf kamen wir total erschöpft in der Kaserne an. Die letzten paar Meter führten uns über den Antrete-Platz, auf dem der Fahnenmast stand und unsere Bundesdienstflagge wehte. Plötzlich drehte dieser Unteroffizier durch. Er stellte sich vor die Bundesdienstflagge, drehte sein Hinterteil in ihre Richtung, bückte sich und zog seine Hosen herunter. Er zeigte der Flagge seinen nackten Hintern.

Wir konnten Schlimmeres verhindern, indem wir uns sofort auf ihn stürzten, ihm die Hosen wieder hochzogen und ihn beruhigten. Hätte das ein Außenstehender oder unser Chef mitbekommen, hätte das zu einem schwerwiegenden disziplinarischen Verfahren geführt. Das wäre sehr teuer für den Unteroffizier geworden, denn das, was er tat, war eine Beleidigung und Entehrung der Bundesdienstflagge. Aber wie gesagt, wir konnten das Schlimmste abwenden. Als wir dann in unserer Stube waren, gaben wir ihm erst einmal ein Bier, und er beruhigte sich wieder. Abends bedankte er sich dann bei uns, indem er uns auf eine Runde im Keystone-Motor-Inn einlud.

Ja, manche Soldaten drehen eben durch, wenn sie längere Zeit von ihren Familien getrennt sind, nicht nur Rekruten, sondern auch erfahrene Führungskräfte.

Dann kam das Wochenende, an dem wir eine Übung fahren mussten. Es war eine Gefechtsübung mit Aufklärungsauftrag, die in den Weiten der kanadischen Steppe durchgeführt wurde. Die Übung sollte von Freitagmorgen bis Sonntagabend gehen. Das bedeutete für uns viel Arbeit und wenig Schlaf.

Wir wurden in unsere Spähtrupps eingeteilt. Vorzugsweise zugweise wie wir auch in Deutschland eingeteilt waren. Wir waren damals mit drei Zügen in Kanada. Wir als erster Zug hatten die glorreiche Aufgabe, den Feind aufzuklären. Das hieß, wir waren die meiste Zeit zwischen den eigenen Truppen und dem Feind unterwegs, der durch ein Panzerbataillon dargestellt wurde.

Wir fuhren also mit unseren drei Leopard 2 los und versuchten, den Feind und seine Stärke, sowie seine Position aufzuklären. Dazu mussten wir alle Register ziehen und taktisch vorgehen, um nicht entdeckt zu werden. Also alles, was, wir gelernt hatten, mussten wir anwenden. Fahren unter gegenseitiger Deckung, Fahren im Schlagschatten der Bäume, sofern welche vorhanden waren, überschlagendes Vorgehen und noch viel mehr.

Das machten wir soweit ganz gut und hatten auch bald Fühlung zum Feind. Allerdings war es nicht gerade einfach, da unsere Panzer nicht gerade leise waren. Aber es klappte gut und so verbrachten wir den ganzen Tag immer in der Nähe des Feindes, ohne entdeckt zu werden und sendeten unsere Ergebnisse an unseren Hauptgefechtsstand.

Als jedoch die Nacht anbrach, verloren wir die Fühlung.

Etwa gegen 22:30 bekamen wir den Funkspruch, dass der Feind entdeckt wurde und wir sollten wieder an ihn herangeführt werden. Dazu bekamen wir vom Hauptgefechtsstand Koordinaten, zu denen wir verlegen sollten.

Unser Leutnant rief uns Kommandanten zusammen, um eine Wegstrecke festzulegen, um möglichst schnell an den Feind zu kommen. Der Weg, den wir nehmen wollten, war ein guter Weg, da er durch ein Waldgebiet führte und uns so Deckung gegen Feindeinsicht bot.

Allerdings gab es ein Problem, das uns im Ernstfall das Leben gekostet hätte.

Wir fuhren durch das Waldgebiet und wollten gerade aus dem Wald brechen, als unser Leutnant halten ließ, um das vor uns liegende Gelände zu beobachten. Dieses taten wir dann auch mit allen drei Panzern. Wir konnten keinen Feind feststellen und fuhren los, um die vor uns liegende Freifläche zu überwinden, um an einem Hang zu halten und uns langsam den Hügel hochzutasten. Dahinter musste der Feind liegen.

So weit so gut. Leider hatten wir aber von unserem Gefechtsstand die falschen Koordinaten erhalten und so fuhren wir im Dunkeln mitten in den Bereitstellungsraum des Feindes.

Nichtsahnend erreichten wir etwa die Mitte der freien Fläche, als es plötzlich überall links und rechts von uns aufblitzte. Wir fuhren inmitten der Feindpanzer und hatten es mit einem Feuerüberfall zu tun, der von einem ganzen Bataillon entsendet wurde. Wir hatten keine Chance. Noch nicht einmal zurück schießen konnten wir, da unser kompletter Panzer sofort als vernichtet angezeigt wurden. Wir hatten ja die Duellanlage an Bord. Auch die Rundumkennleuchte fing an zu leuchten. Das war das Zeichen dafür, dass wir getroffen waren.

Wir wurden komplett vernichtet. Später bei der Auswertung stellten wir fest, dass jeder von uns mindestens sechs Treffer von den gegnerischen Leoparden erhalten hatte. Wir waren sozusagen mausetot. Und das alles, weil uns die Deppen im Hauptgefechtsstand die falschen Koordinaten gefunkt hatten. Hätten wir die richtigen Koordinaten gehabt, wären wir von der anderen Seite an den Hügel gekommen und hätten überlebt.

Aber das war nur wie ein Spiel. Gefährlich wurde es, als wieder die falschen Koordinaten durchgegeben wurden und wir dadurch wirklich fast gestorben wären. Das geschah am Dienstag direkt nach unser Gefechtsübung.

Der Morgen des Dienstags in der zweiten Woche unseres Aufenthalts in Shilo begann vielversprechend. Wir sollten zusammen mit der Artillerie üben. Dazu war geplant, dass unsere Spähtrupps die Feindstellungen erkunden sollten. Im weiteren Verlauf der Übung, bei der übrigens scharfe Munition auf sogenannte Hartziele verschossen wurde, sollten die Spähtrupps auf überlegenen Feind stoßen, nach hinten ausweichen und bei der Artillerie Sperrfeuer anfordern.

Hartziele sind alte Panzer, die im Feld stehen und beschossen werden können. Das macht natürlich nur Sinn, wenn man mit echter, scharfer Munition auf diese schießt. Da sieht man dann endlich, welche Wirkung eine Panzergranate auf einen Panzer hat. Die explodieren regelrecht. Anders als unsere Übungs-Geschosse, die in der Regel aus weichem Metall oder Beton bestehen. Sperrfeuer nennt man es, wenn zum Beispiel die Truppe auf überlegenen Feind trifft und ausweichen muss, um zu überleben. Dann fordert man Sperrfeuer bei der Artillerie an. Diese schießen einen sogenannten Riegel auf großer Breite, um dem Feind ein Nachsetzen zu erschweren.

Da wir mit scharfer Munition schießen sollten, hatte jeder Spähtrupp, bestehend aus drei Leopard 2, einen eigenen Sicherheitsoffizier dabei, der ebenfalls in einem Leopard 2 den jeweiligen Spähtrupp begleitete, aber selbst nicht ins Gefecht eingriff und auch keine Munition an Bord hatte. Wir waren mit drei Spähtrupps unterwegs und jeweils einen Sicherheitsoffizier dabei. Für die drei Sicherheitsoffiziere gab es noch einen Hauptsicherheitsoffizier, der wiederum für die drei Sicherheitsoffiziere verantwortlich war.

Und auf genau diesem Panzer war ich als Kommandant eingeteilt. Der Hauptsicherheitsoffizier war ein mir gut bekannter Hauptfeldwebel. Er war ein alter und erfahrener Mann. Darum wurde er auch mit dieser sehr wichtigen Aufgabe betraut. Man konnte keinen jungen Dienstgrad heranziehen, da der Hauptsicherungsoffizier die gesamte Verantwortung zu tragen hatte. Ich wurde als Kommandant bei ihm eingeteilt, weil er so viele Aufgaben hatte und aufpassen musste, dass er nicht auch noch den Panzer führen konnte.

Wie dem auch sei. Wir fuhren hinter den drei Spähtrupps her und überwachten das Schießen der Truppe. Es lief alles gut und da wir bald an die Stelle kamen, an der die Truppe auf überlegenen Feind treffen sollte, bezogen wir Stellung auf einem kleinen Hügel, von dem aus wir das ganze Gefechtsfeld beobachten konnten. Zur Sicherheit und weil es auch vorgeschrieben war, gaben wir unseren Standort durch und beobachteten das Vorgehen der Spähtrupps.

Sie gingen geordnet und taktisch klug vor. Dann hörten wir, wie von hinten ein M 113 Mannschaftstransporter (MTW) zu uns auf den Hügel kam. Die Heckklappe öffnete sich, und ein kleiner General kletterte heraus. Es war der General, der die ganze Übung leitete, und der wollte sich natürlich ansehen, was seine Truppe konnte. Mein Hauptfeldwebel machte dem General A. Meldung, aber der winkte ab und stand mit seinem Fernglas neben seinem MTW.

Dann folgte der Moment, in dem die übende Truppe auf den überlegenen Feind traf. Sie beschossen gerade die Hartziele, als wie geplant unendlich viele Panzerscheiben aufgeklappt wurden, die den überlegenen Feind darstellten. Die Konsequenz war, dass die Spähzüge nach hinten auswichen und sich einnebelten. Gleichzeitig wurde der Sperrriegel durch die Zugführer der Panzer bei der Artillerie angefordert.

So weit so gut. Was aber falsch lief, war, dass der Major, der die Artillerie befehligte, dummerweise die Haubitzen nicht auf die geforderten Koordinaten schießen ließ, sondern diese mit den von uns kurz vorher durchgegebenen Koordinaten unseres Standortes verwechselte.

Das hatte zur Folge, dass die Granaten der Artillerie in unmittelbarer Nähe zu uns einschlugen. Und glaubt mir, es ist wirklich so, wie es in Kriegsfilmen dargestellt wird. Man hörte ein Pfeifen, das immer lauter und schriller wurde, und kurz danach schlugen die Granaten ein. Zu unserem Glück war die erste Lage, die verschossen wurde, ÜB-Munition. Also Granaten aus Beton, die keinen großen Schaden anrichten.

Das wurde in der Regel bei Übungen so gemacht, um zu sehen, ob die Trefferlage stimmte. Die Einschläge wurden durch einen vorgeschobenen Beobachter, wenn nötig, korrigiert. Man musste sich das so vorstellen, dass die Artillerie blind schoss. Diese stand etliche Kilometer hinter dem Zielgebiet und konnte die Einschläge nicht sehen. Das Problem war allerdings, dass es leider keinen Beobachter gab, der die Schusslage korrigieren konnte. Man verließ sich blind auf die Koordinaten, die durchgegeben wurden.

Eigentlich war alles gut, wenn man die richtigen Koordinaten verwendete. Das war aber nicht der Fall.

Als die erste Lage eingeschlagen war, zeigte sich folgendes Bild.

Wir ließen uns in unsere Panzer fallen und schlossen sofort alle Luken. Das würde bei Einschlägen in der Nähe unserer Panzer helfen. Nicht jedoch bei einem direkten Treffer. Gleichzeitig funkte mein Hauptfeldwebel an die Leitstelle der Artillerie, dass sie sofort das Feuern einstellen sollen, da sie uns und nicht das Zielgebiet beschossen.

Der General A. schmiss sich zu Boden und robbte unter das MTW.

Unmittelbar danach wurde unser Funkspruch beantwortet, aber mit den Worten: „Schießen eingestellt, aber die zweite Lage ist unterwegs!“ Und diese war scharf.

Also echte Gefechtsmunition. Wir konnten nur in unseren Leoparden hocken und hoffen, keinen direkten Treffer zu bekommen.

Als der Spuk vorbei war, sahen wir, wie der General unter dem MTW hervorkroch und sich die Heckklappe desselbigen öffnete. Der General kletterte in das MTW und erschien oben in der Luke, nahm den Sprechsatz und funkte folgenden Spruch: „Welcher Vollidiot wagt es, meine Speerspitzen zu beschießen? Das wird Konsequenzen haben!"

Dass er als General dabei selbst fast draufgegangen war, hatte er nicht erwähnt. Später unterhielten wir uns mit dem General und stellten fest, dass er in Ordnung war und sein Augenmerk auf seinen Soldaten und nicht auf seiner Karriere lag. Ein guter Mann.

Jedenfalls meldete sich der verantwortliche Major beim General. Was allerdings besprochen wurde, bekamen wir nicht mit. Was wir aber drei Wochen nach unserer Heimkehr nach Deutschland erfuhren, war, dass der Major zum Hauptmann degradiert worden war.

Munitionslager unseres Zuges beim Gefechtsschießen in Deilinghofen

Das war nur konsequent, denn durch seinen Fehler wären fast Menschen gestorben. Und glaubt mir, in dem Moment, als die Granaten direkt neben uns einschlugen und die Splitter gegen unseren Leoparden schlugen, hatte ich keine Angst. Erst abends, als sich das Ganze gesetzt hatte und das Adrenalin nachließ, kam das Zittern. Und es war ein echtes Zittern. Das Bier im Glas kam nicht zur Ruhe und schwappte hin und her und dass bei allen, die in dieser Situation waren. Wir dankten insgeheim der Firma Krauss Maffay-Wegmann für die Qualität bei der Herstellung der Leopard 2. Denn diese hatten uns vor Schlimmeren bewahrt.

Eine andere schöne Sache war unser Wochenende in Winnipeg. Ich weiß jetzt nicht mehr genau, welches Wochenende es von den dreien war, aber nach fast 30 Jahren ist das, nehme ich an, auch verständlich.

Jedenfalls wollten wir mit unserem Mietauto an einen verdammt großen See fahren. Wir wollten dort Party machen und es uns so richtig gut gehen lassen. Es waren nur etwa vier Stunden, bis wir da waren. Allerdings war dort nichts los. Ich wusste auch nicht, warum, aber es war niemand zu sehen. Vielleicht waren wir an der falschen Stelle. Aber wie hätten wir die richtige finden sollen? Handys gab es zu der Zeit noch nicht. Jedenfalls keine, die man bezahlen konnte. Und von Google wusste man auch noch nichts. Wir mussten demnach auf andere Weise versuchen, etwas zu reißen. Und das funktionierte im Allgemeinen auch gut.

Unsere Leopard 2 in Kanada im Gefecht

Wir schauten uns auf der Karte und auch dort um und entschlossen uns lieber, nach Winnipeg zu fahren. Also nochmal etwa drei Stunden Fahrt.

Das Irre an Kanada ist, dass es unheimliche Weiten sind. Man kann dort auf den Highways stundenlang geradeaus fahren.

Kaum Kurven vorhanden. Aber immer wieder große Straßen-Werbeschilder. Und dahinter stehen dann die Polizisten und warten auf Verkehrssünder.

Und so kam es, dass auch wir plötzlich einen Streifenwagen hinter uns hatten, der auch gleich seine Sirene und Rundumlicht einschaltete. Also rechts ranfahren und still sitzen bleiben.

Das wussten wir. Auf gar keinen Fall unaufgefordert aussteigen.

Ich war Beifahrer, und der eine Cop kam an die Fensterscheibe des Fahrers. Der Grund, dass wir angehalten wurden, war eigentlich banal. Die Cops wollten nur nachschauen, ob wir Alkohol im Fahrgastraum hatten. Das war nämlich streng verboten in Kanada. Niemand durfte während der Fahrt Alkohol trinken.

Mein Kamerad und der Cop unterhielten sich, und es stellte sich sehr schnell heraus, dass wir deutsche Soldaten waren. Dann wollte der Cop aber die Fahrzeugpapiere sehen, und ich als Beifahrer wusste, dass die im Handschuhfach lagen. Also nahm ich in Gedanken die Hände vom Armaturenbrett weg und griff zum Handschuhfach. Ich hatte die Finger noch nicht mal am Verschluss des Fachs, als ich auch schon ein Klopfen hörte und in den Riesenrevolver an meiner Scheibe schaute. Sofort nahm ich meine Hände wieder weg und legte sie wieder brav auf das Armaturenbrett. Ich hatte mir vor Angst fast in die Hose gemacht.

Der Cop an der Fahrerseite sagte seinem Kollegen, dass wir Deutsche seien, und der beruhigte sich wieder. Ich durfte dann langsam die Papiere aus dem Handschuhfach nehmen und spürte die ganze Zeit diesen Riesenrevolver an der Scheibe, der auf mich zielte. Nachdem die beiden Cops zufrieden gestellt waren, konnten wir unsere Fahrt fortsetzen.

Dann kamen wir in Winnipeg an und suchten uns ein Hotel. Da es noch früher Nachmittag war, schlenderten wir durch die Stadt und sahen uns das Canadian Football-Stadion mit über 33.000 Plätzen und die Eishalle der Winnipeg Jets, einer Eishockeymannschaft, an.

Die Eishalle war wahnsinnig groß. Wir kletterten bis in die obersten Ränge und das Spielfeld war total klein. Immerhin passten über 15.000 Menschen dort rein. Es war gewaltig, sich das anzusehen.

Nach diesen ersten Eindrücken kamen wir auf einen Jahrmarkt. Der war ganz in der Nähe, und weil wir nichts Besseres vorhatten, gingen wir uns den Jahrmarkt anschauen. Die Jahrmärkte in Kanada sind mit denen in Deutschland kaum vergleichbar. Vielleicht mit dem Hamburger Dom oder der Wiesn beim Oktoberfest in München.

Es gab unzählige Fahrgeschäfte, wie Geisterbahnen, riesige Achterbahnen und vieles mehr. Aber das Coolste war eine Schießanlage, bei der man mit Paintball-Waffen schießen konnte. Und zwar nicht auf irgendwelche Scheiben, sondern auf einen in einer Hundebeißausstattung steckenden Menschen. Der war inklusive Helm komplett in diesem Anzug gepanzert, damit es beim Beschießen keine Verletzungen gab. Sowas würde in Deutschland niemals zugelassen werden.

Wir schauten uns das Schauspiel eine Weile an und stellten fest, dass die Waffen sowohl Einzelfeuer als auch Dauerfeuer schossen. Nach kurzer Überlegung kauften wir uns Munition und begannen, den armen Kerl zu beschießen. Er hampelte dauernd herum, um den Farbkugeln auszuweichen. Das machte dann irgendwie keinen richtigen Spaß. Wir wollten ihm eigentlich schön auf sein Gemächt schießen, aber trafen es nicht, weil er echt schnell war. Also schossen wir ihm kurzerhand erstmal sein Schutzvisier komplett zu, sodass er nichts mehr sehen konnte. Dann schalteten wir um auf Dauerfeuer und belegten ihn mit Farbkugeln. Natürlich immer auf seine empfindlichste Stelle. Der arme Kerl tat uns echt leid. Aber wir hatten unseren Spaß. Ja, früher dachte man anders darüber. Heutzutage würde von uns wohl keiner mehr so etwas machen.

Als wir dann so weit alles auf dem Jahrmarkt gesehen und gemacht hatten, gingen wir ins Hotel, um uns frisch zu machen und uns ins Nachtleben zu stürzen. Wir zogen durch die Kneipen und hatten viel Spaß. Wir tranken viel und sprachen auch das eine oder andere Mädchen an. Aber eine Homeparty konnten wir nicht organisieren.

Die Mädchen in Winnipeg waren ein ganz anderer Schlag als die Mädchen in der Provinz. Aber dennoch war es ein sehr schöner Abend, oder besser gesagt eine sehr schöne Nacht. Ich glaube, wir kamen erst morgens gegen 06:00 Uhr wieder ins Hotel zurück. Dann war erstmal Schlafen angesagt. Nach dem Aufstehen, also abends, ging es dann wieder zum Feiern. Sonntag am späten Nachmittag fuhren wir wieder in die Kaserne und freuten uns auf die kommenden Abende in Brandon und auf die noch folgenden Homepartys.

Eine der Homepartys war besonders heftig. Wir trafen mal wieder auf die gleichen Damen, unter anderem auch eine Squaw. Irgendwie hatte ich einen Narren an ihr gefressen. Sie hieß Loretta und es war sehr schön mit ihr. Auf Näheres möchte ich nicht eingehen. Nur so viel: Wir hatten echt heftige, schöne Minuten auf der Toilette. Sie auf dem Waschtisch, ich vor ihr.

Es war mal wieder kein anderes Zimmer frei. Als wir dann zurück ins Wohnzimmer kamen, war der Oberfeldwebel, der schon öfter in Shilo war und den ich vor ein paar Seiten erwähnt hatte, ziemlich beschäftigt, wie wir sehen konnten. Seinen Namen werde ich hier auf gar keinen Fall erwähnen. Er war verheiratet und gerade mit einer ziemlich stattlichen Kanadierin zugange. Als wir in das Wohnzimmer kamen, lag die dicke Kanadierin mit weit gespreizten Beinen auf dem niedrigen Couchtisch, und unser Oberfeld kniete vor ihr und rammelte sie heftig durch. Plötzlich fing er an zu grunzen wie ein Elch und, na ja, den Rest könnt ihr euch denken.

Was aber das Lustige an der Sache war, war, dass etliche Kameraden, alles Dienstgrade, die die Klappe halten konnten über das, was auf den Homepartys geschah, um die beiden herumstanden und saßen und nach seinem Brunftschrei heftigen Applaus gaben. Erst da bemerkte unser Oberfeld, dass er und seine Dicke, Zuschauer hatten.

Hinter vorgehaltener Hand stänkerten wir ihn die nächsten Tage immer wieder. Aber das Beste war, dass nur die davon wussten und die Scherze verstanden, die an dem Abend dabei waren. So konnte zum Beispiel kein anderer was damit anfangen, als morgens ein großer Elch aus brauner Pappe ausgeschnitten auf dem Leoparden vom Oberfeld stand. Die, die wussten, was das zu bedeuten hatte, konnten sich vor Lachen nicht mehr einkriegen. Unser Oberfeldwebel aber schmunzelte nur und sagte, dass er sich freut, wenn wir so viel Spaß hätten.

Das Schönste an unserer Kameradschaft war aber, dass man sich darauf verlassen konnte, dass alle dichthielten und, dass die Geschehnisse, die auf den Partys geschahen, auch wirklich intern blieben.

Erwähnenswert ist auch unser Aufenthalt auf der sogenannten Snake-Ranch. Die gehörte, meine ich, mit zu Deilinghofen, der größten Schießbahn in Shilo. Dort standen wir in Bereitstellung und warteten darauf, abgerufen zu werden. Unsere Panzer standen eng zusammen. Das hatte natürlich einen triftigen Grund. Denn normalerweise standen die Panzer weiter auseinander. Wollte man zu einem Kameraden, kletterte man von seinem Panzer und auf den anderen wieder rauf. Aber das sollten wir auf der Snake-Ranch nicht tun. Warum, das sagt, so denke ich, der Name SNAKE-Ranch aus.

Auf diesem Abschnitt der Schießbahn wimmelte es nur so von Klapperschlangen. Das hörte sich so an, als wenn man sich eine Flamenco-Show in Spanien anschauen würde. Ihr wisst schon, dieses Geklapper mit den Kastagnetten. Überall im hohen Gras sah man Bewegung, aber nicht direkt Schlangen, da das Gras so hoch war, dass es leicht über die Knie gereicht hätte. Das war der Grund, warum wir die Panzer nicht verlassen sollten. Denn gegen eine Klapperschlange hatte man kaum eine Chance, wenn man auf eine traf. Aber wir sollten später noch eine Begegnung mit einer Klapperschlange haben. Und das abends.

Wie ihr ja wisst, hatten wir es vermieden, die Verpflegung in der Kaserne zu essen. Zur Erinnerung sei nur ein Wort gesagt: Hängolin. Also gingen wir zum Schnellimbiss der Kanadier essen, oder eben in Brandon. An diesem Abend war es in Brandon in einem Restaurant, das von Indianern betrieben wurde.

Wir studierten die Speisekarte und entschieden uns dazu, etwas zu bestellen, das sich in der indianischen Sprache gut anhörte. Die Speisekarte war so gestaltet, dass man eine doppelt gefaltete Seite hatte, auf dem sichtbaren Teil stand das Gericht auf Indianisch. Wollte man es auf Englisch lesen, musste man die Seite nochmals aufklappen.

Wie dem auch sei, wir bestellten und es kam eine Art Gulasch. Es schmeckte sehr gut, und wir genossen das Essen. Wenn wir allerdings gewusst hätten, was es war, hätten wir sicher etwas anderes bestellt. Nach dem Essen schauten wir dann nach, was wir gegessen hatten. Als wir die Karte aufschlugen, auf den englischen Teil, lasen wir dort Rattlesnake. Wir hatten tatsächlich eine Klapperschlange gegessen. Hätte ich es vorher gewusst! Auf jeden Fall war es seit dem Abend so, dass ich nicht über Essen urteile, ohne es vorher selbst probiert zu haben. So kam es, dass ich auch Python, Krokodil, Heuschrecken und allerlei Getier versucht hatte. Das meiste schmeckte nicht schlecht. Die Klapperschlange zum Beispiel schmeckte ein wenig nach Hühnchen. Nur das Fleisch war sehr fest. Das war aber eigentlich logisch. Denn so Schlange besteht aus einem reinen Muskel.

Irgendwann war aber auch der schönste Übungsplatzaufenthalt zu Ende. Und so kam der Tag unseres letzten Gefechtsschießens auf dem abgelegensten Schießplatz Nach dem Schießen, das mal wieder sehr viel Spaß gemacht hatte, hieß es ab zurück zur Kaserne. Wie glaube ich oben schon erwähnt, dauerte die Fahrt mit den Panzern dorthin über den Panzertreck etwas über eine Stunde.

Es war bei uns, den Aufklärern des Panzeraufklärungsbataillon 2 aus Hessisch Lichtenau Tradition, dass die Kommandanten die letzte Fahrt als Kraftfahrer machten. Dazu musste der Fahrer den Platz des Kommandanten einnehmen, und der Kommandant den des Fahrers. Natürlich war das nicht kostenfrei. Denn es gab zu der Zeit noch Fahrbefehle, und wenn man den Fahrer wechseln wollte, musste das begründet werden. Also wurde dem Fahrer gesagt, dass es ihm nicht gut ginge und er sich nicht in der Lage sah, den Panzer zu fahren. Bei mir ereignete sich dazu folgendes Gespräch zwischen mir und meinem Kraftfahrer:

Ich: „Stefan (mein Fahrer) dir geht es nicht gut und du kannst den Bock nicht zurückfahren."

Fahrer: „Wie kommst du denn darauf? Mir geht's super!"

Ich: „Nein, dir geht es nicht gut. Du hast Kopfschmerzen und dir ist schlecht."

Fahrer: „Nein, nicht wirklich."

Ich: „Doch."

Fahrer: „Was ist es dir denn wert, dass es mir schlecht geht?"

Ich: „Zehn Budweiser."

Fahrer: „So schlecht geht's mir gar nicht, ich denke ich werde fahren können."

Ich: „Okay, 15!"

Fahrer: „Zu wenig!"

Ich: „Alles klar. Eine Palette Budweiser, aber dann ist Schluss."

Fahrer: „Alles klar. Heute Abend bei mir abzuliefern."

Ich: „Okay. Aber eins kriege ich!"

Fahrer: „Na klar, übrigens, kannst du reinfahren? Mir ist auf einmal so übel und ich krieg Kopfweh!"

Ich: „Klar, mache ich!"

So in etwa lief das bei mir ab und ich weiß, bei den anderen war es auch nicht anders. Die einen wollten Bier, die anderen eine Flasche Whiskey.

Auf jeden Fall hatten wir einen guten Grund, um einen Fahrerwechsel machen zu können. Wie gesagt, es war bei uns Tradition und wir Kommandanten freuten uns die ganze Zeit darauf, fahren zu können. Einen Kettenschein hatten schließlich alle Kommandanten.

Also ging es los. Allerdings durften wir durch den ÜB-Raum zur Kaserne fahren, was bedeutete, dass wir uns nicht an den Panzertreck halten mussten, sondern quer durch das Gelände fuhren.

Wir schafften die Strecke in 30 Minuten. Allerdings flogen wir dabei im Gelände mehr, als dass unsere Ketten Bodenkontakt hatten. Es machte einen Heidenspaß und war die Palette Bier allemal wert.

Auf dem Panzertreck unterwegs

In der letzten Woche war dann Panzerputzen angesagt. Die Leoparden mussten penibel gereinigt werden. Jedes Staubkorn wurde entfernt. Wir hatten eine Woche Zeit. Natürlich halfen uns die Kommandanten unserer Besatzung beim Reinigen, jedenfalls an den Ecken, an die man gut drankam. Das war eben das Privileg eines Führers.

Dann kam der Abend vor unserem Abflug zurück nach Deutschland. Wie es so war, wurde man natürlich vom Zoll am Flughafen in Deutschland erwartet, und es ist immer ein Risiko, zu viel zollfreie Ware mitzubringen, wie zum Beispiel Schnaps oder Zigaretten. Und davon hatte jeder reichlich eingekauft, schließlich bekamen wir im Lager alles zollfrei. Aber wir hatten einen großen Vorteil: Am Abend vor unserer Abreise ließ uns der Chef antreten und gab bekannt, dass der Zoll je einen Offizier, einen Unteroffizier und einen Mannschaftsdienstgrad filzen würde. Praktischerweise sollten die Namen der Betreffenden in Deutschland an den Zoll gegeben werden. Es lag also an unserem Chef, wer durchsucht wurde. Er nannte uns auch gleich die drei betroffenen Namen, und so hatten wir genug Zeit, die überschüssigen Mitbringsel der Kameraden auf unser Gepäck zu verteilen. Und was soll ich euch sagen: Der Zoll hielt sich an die Vereinbarung und filzte auch wirklich nur die drei genannten Kameraden.

So endete unser Aufenthalt im fernen Kanada. Es war mit Abstand der schönste Übungsplatzaufenthalt, den ich erleben durfte. Und das lag nicht nur an den weiten Schießbahnen in Shilo, Manitoba, Kanada, sondern natürlich auch an den heißen Nächten bei den Homepartys. Ich denke heute noch gerne an Loretta zurück.

Kapitel 40

Truppenübungsplatz Castle Martin England

Nachdem wir aus Kanada zurück waren, hatten wir erstmal Urlaub, ich meine, drei Wochen lang. Was ich in der Zeit allerdings gemacht habe, weiß ich nach fast 30 Jahren nicht mehr. Aber was ich noch genau weiß, ist, dass wir gleich am ersten Tag unseres Dienstes antreten mussten, und unser Spieß uns verkündete, dass wir die Woche darauf erneut auf den Übungsplatz fahren würden. Das traf uns wie ein Schlag, denn wir dachten, dass Kanada unser letzter Übungsplatz war. Wir malten uns die schlimmsten Dinge aus, wieder zwei oder drei Wochen von zu Hause weg und dann wohl irgendwo in der Pampa zu sein.

Doch dann sagte unser Spieß, dass unser Kommandeur uns sagen würde, wo es hingehen sollte. Das gab es noch nie, dass der Oberstleutnant persönlich kam, um über einen Übungsplatzaufenthalt zu informieren. Wir warteten sicher noch zehn Minuten in aufgeladener Spannung und im „Rührt Euch".

Dann kam der Alte und fing ohne Umschweife an: „Meine Herren, ich habe eine gute und eine schlechte Nachricht für Sie. Die schlechte zuerst: Sie müssen auf einen weiteren Übungsplatzaufenthalt fahren. Die gute Nachricht: Sie fliegen nächsten Montag nach Castle Martin. Das ist in Südengland. Die 2. Kompanie hatte den Übungsplatz angefordert, da Sie als 3. Kompanie in Kanada waren. Allerdings ist es nun so, dass die 2. Kompanie ein Leerquartal hatte, also 3 Monate keine Soldaten. Daraus schließt, dass die Soldaten der 2. Kompanie noch keine Ausbildung auf dem Kampfpanzer Leopard 2 haben. Da Sie als 3. Kompanie die einzigen sind, die voll ausgebildet sind, werden Sie für zwei Wochen nach England verlegt! Des Weiteren genießen Sie den Aufenthalt in England. Es ist ein sehr anspruchsvoller Übungsplatz, und Sie werden ihn lieben, aber auch verfluchen."

Noch am selben Tag begannen die Vorbereitungen für den Flug nach England. Wir machten technischen Dienst an unseren Fahrzeugen, die wir allerdings nicht mit nach England nehmen würden. Denn auch in Castle Martin standen Panzer zur Verfügung. Ein Transport nach England wäre zu teuer und würde über den

Seeweg zu lange dauern. Den Eurotunnel gab es damals schließlich noch nicht.

Wir waren also bei unseren Panzern, als mein Geschäftszimmersoldat zu mir kam und mir mitteilte, dass ich zum Chef kommen sollte. Ich ahnte schon, was wohl kommen würde, da ich nur noch vier Wochen Restdienstzeit hatte. Und so kam es dann auch.

Ich meldete mich bei meinem Hauptmann, und der teilte mir mit, dass ich an diesem Übungsplatzaufenthalt in England nicht mitfahren würde.

Er erklärte mir, dass meine Restdienstzeit nicht ausreichen würde, um alles andere abzuwickeln. Also Ausrüstung abgeben, Panzer mit allem Zubehör übergeben und vieles mehr. Nun, das war zwar etwas enttäuschend, aber ich war wenigstens noch in Kanada gewesen. Das war sozusagen ein Abschiedsgeschenk für treu geleistete Dienste. Er hatte trotz meiner Enttäuschung Recht, aber ich wäre dennoch gerne mitgeflogen.

Wie dem auch sei, es ging nicht, und so blieb ich daheim in Deutschland und bereitete mich auf meine Entlassung vor. Später erzählten mir meine Kameraden von dem Übungsplatz in England.

Der Platz war am Arsch der Welt gewesen, und das eine freie Wochenende, das gewährt worden war, wurde in Castle Martin verbracht, weil es zu weit war, um nach London zu fahren. Die Übungen selbst liefen gut, bis auf eine Gegebenheit, die ich hier erwähnen möchte. Die Truppe war zum Gefechtsschießen auf der Schießbahn, auf der auch ein nachgebautes Dorf war. In diesem Dorf stand auch eine Kirche.

Auf diese Kirche sollte nicht geschossen werden, das wurde extra gesagt. Aber wie Soldaten nun mal waren, wurde oft das getan, was verboten war. Und so kam es, dass ein Geschoss aus einem Leopard 2 den Kirchturm durchschlug. Der Richtschütze erklärte, dass er einen Niesanfall bekommen hätte und dadurch den Richtgriff verrissen hätte. Ich nehme an, dass ihm das nicht geglaubt wurde. Aber es wurde gedeckelt, und so kam der Richtschütze mit einem Tag Zapfenstreich um 20:00 Uhr davon. Später erfuhr ich, dass ihm der Spaß das wert gewesen sei.

Eine andere Sache war das Beschießen einer Panzerscheibe, die als Freund gekennzeichnet war. Der Treffer lag mittig und hätte den dargestellten Panzer, wäre er echt gewesen, komplett vernichtet und damit auch die vierköpfige Besatzung. Als die Truppe abends in die Kaserne kam, stand dieselbe Scheibe vor der Eingangstür mit einem Schild daneben. Auf diesem stand „Killed by friendly Tank“. Also in etwa übersetzt: „Vernichtet durch einen eigenen Panzer.“

Ansonsten sollte der Übungsplatz ziemlich langweilig im Vergleich zu Kanada gewesen sein. Im Nachhinein war ich dann froh, dass ich zu Hause bleiben konnte. Das freie Wochenende, das die Truppe hatte, wurde wie gesagt in der Kaserne verbracht, und es sollten wohl alle ziemlich betrunken gewesen sein, inklusive unserer Führung.

Kapitel 41

Ehrenhafte Entlassung aus dem Dienst der Bundeswehr

Ja, und dann kam der Tag, an dem ich ehrenhaft aus der Bundeswehr mit dem Dienstgrad Stabsunteroffizier entlassen wurde. Die letzten zwei Wochen machte ich eigentlich nichts anderes, als meine Sachen abzugeben, zum Arzt zur Abschlussuntersuchung zu gehen und den Papierkram wie „Übergangsgebühren" und Sonstiges zu erledigen.

Die „Übergangsgebühren" waren im Endeffekt nichts anderes als eine zeitlich befristete Gehaltszahlung nach Beendigung der Bundeswehrzeit. Eigentlich dafür gedacht, um den ausscheidenden Soldaten die Arbeitssuche zu erleichtern oder zur Überbrückung, falls die Soldaten zum Beispiel eine Familie hatten und eine neue Ausbildung machten, jedoch nur ein Lehrlingsgehalt bekamen. Wie sollte man sonst auch eine Familie durchbringen? Bei Soldaten, die zwölf Jahre gedient hatten, war die Übergangsbezahlung auf drei Jahre ausgelegt, also ausreichend, um einen neuen Beruf zu erlernen. Außerdem bekam man als Zeitsoldat, der vier Jahre gedient hatte, als Bonus noch eine Einmalzahlung in Höhe von vier Bruttogehältern, die steuerfrei ausgezahlt wurden. Diese Übergangsgebühren liefen unter der Bezeichnung Berufsförderungsdienst (BFD). Nahm man den BFD in Anspruch, so verringerte sich die Einmalauszahlung. Des Weiteren hatte man als Zeitsoldat, der zwölf Jahre oder länger gedient hatte, noch die Möglichkeit, einen sogenannten Eingliederungsschein in Anspruch zu nehmen. Der besagte eigentlich nur, dass der ehemalige Soldat bei Bewerbungen auf eine Stelle im öffentlichen Dienst bevorzugt behandelt werden musste.

Die meiste Zeit aber saß ich auf meiner Stube und zockte Golf mit der Playstation am Fernseher. Am vorletzten Tag wurde bei uns im Unteroffiziersraum eine Feier für mich veranstaltet. Es gab Essen aus dem Unteroffiziersheim und jede Menge Schnaps und Bier. Die Feier war zwar nicht mit meiner damaligen Unteroffiziersaufnahme zu vergleichen, aber sie war feucht-fröhlich. Als Abschiedsgeschenk vom Unteroffizierskorps des 3. PzAufklBtl 2 bekam ich eine Whiskey-Karaffe und dazu drei passende Gläser. Die Idee kam wohl von meinem Hauptmann, der ein wahrer Whiskey-Kenner war.

Das Schöne an der Karaffe ist, dass in das durchsichtige Glas der Flasche unser Kompanieabzeichen eingraviert ist. Ich habe diese Karaffe noch heute, und es ist auch Whiskey darin. Die goldgelbe Farbe des Whiskeys lässt die Gravur in einem schönen Glanz erscheinen.

Es gab viele schöne Worte, die mir mit auf den Weg gegeben wurden, und es wurde auch das Bedauern geäußert, dass ich die Bundeswehr verlassen wollte. Aber es nützte nichts. Mein Hauptmann betonte, dass er mich sehr gerne zum Berufssoldaten gemacht hätte, wenn denn eine Stelle für mich gewesen wäre. Nun, es war nicht so, und ich begann einen neuen Lebensabschnitt. Die Feier war sehr schön, und ich denke auch heute noch mit Wehmut daran zurück.

Am nächsten Tag war morgens wieder das obligatorische Antreten, und ich musste vor der Truppe antreten. Zu meiner Verwunderung ließ es sich unser Kommandeur, ein Oberstleutnant, nicht nehmen, mich persönlich zu verabschieden. Das war eigentlich nicht üblich, aber das zeigte mir, dass ich wirklich wertgeschätzt wurde. Von meinem Zug bekam ich auch noch ein sehr schönes Abschiedsgeschenk: Ein Diorama mit den drei Panzern unseres Zuges. Die Jungs hatten sich die Mühe gemacht, sogar unsere eigenen Kennzeichen anzufertigen und auf die Panzer zu kleben. Auch unser Maskottchen, den Indianerkopf von der Baseballmannschaft der Cleveland Indians, hatten sie auf die Panzertürme gemalt. Die drei Panzer standen vor einem Foto aus Kanada inmitten von Gestrüpp. Das Ganze war in einem Glaskasten. Die Jungs hatten sich wirklich sehr viel Mühe gegeben. Das Diorama steht heute auf meiner Anrichte im Wohnzimmer und hat auch, wie die Karaffe, einen Ehrenplatz in meiner Wohnung, wie in meinem Herzen.

Dann verließ ich die Kaserne und war ab diesem Zeitpunkt Zivilist. Mein späterer Weg sollte mich vier Tage später in die Ausbildung zum Polizisten beim damaligen BGS führen.

Das ist jetzt 25 Jahre her, und seitdem ich habe als Polizist viel erlebt. Dazu zählen viele Einsätze, die manchmal sehr haarig waren und auch die eine oder andere Verletzung mit sich brachten. Nun bin ich aber Ausbilder bei der Bundespolizei (ehemals BGS) und bin froh, dass ich mich nicht mehr draußen prügeln muss. Mit 52 Jahren darf man auch langsam an den Ruhestand denken. Sollen die Jungen an die Fronten und sich ihre Lorbeeren verdienen. Aber das ist eine andere Geschichte, die ich vielleicht irgendwann mal in einem Buch fasse.

Danksagung

Nun stehe ich am Ende meines Buches und möchte nicht schließen, ohne wichtigen Menschen, die zur Entstehung dieses Buches beigetragen haben, meinen tiefen Dank auszusprechen.

Zunächst möchte ich Oberstabsgefreitem Michael D. danken. Michi habe ich in Bad Pyrmont kennengelernt, wo wir zusammen zur Kur waren. Ich erzählte ihm von meinem Vorhaben, ein Buch über meine Bundeswehrzeit zu schreiben, und er zeigte Interesse daran, es zu lesen. Nachdem er die ersten sechs Kapitel gelesen hatte, machte er mich darauf aufmerksam, dass sich die Begriffe und Gegebenheiten bei der Bundeswehr im Laufe der Zeit geändert hatten. Er bot an, das Manuskript zu überarbeiten, und schon am nächsten Tag erhielt ich seine Vorschläge, die ich komplett übernahm. Auch als ich ihm den Rest des Buches schickte, hatte er noch einige geringfügige Änderungsvorschläge, die ich dankbar annahm. Michis Perspektive als aktiver Soldat ermöglichte es mir, Dinge anders zu beschreiben und anzupassen, als sie vor fast 30 Jahren waren. Nochmals DANKE, Michi.

Weiterhin möchte ich meinem Sohn Robin danken, der das Buch ebenfalls teilweise gelesen und für gut befunden hat. Seine Einschätzung, dass er sich nach dem Lesen nun besser vorstellen kann, was für eine harte, aber auch faszinierende Zeit das gewesen sein muss, bedeutet mir viel.

Ein besonderer Dank geht auch an Florian, der ebenfalls mit mir zur Kur war und mir viele gute Tipps gegeben hatte. Auch heute noch halte ich Kontakt zu ihm.

Zu guter Letzt möchte ich demjenigen danken, der dieses Buch korrigieren wird. Wer das sein wird, weiß ich noch nicht, da ich noch niemanden gefragt habe. Aber mit dem Abschluss dieses Buches habe ich nun auch jemanden gefunden, der bereit ist, es zu korrigieren. Steffen Winkelmann, Fachlehrer in unserem Ausbildungszentrum, hat seine Freizeit geopfert, um das Buch zu überprüfen. Steffen, ich danke dir von Herzen.

Die vier Jahre bei der Bundeswehr möchte ich keinesfalls missen. Es war eine aufregende, schöne, aber auch geistig und körperlich anstrengende Zeit. Auch wenn es heute keine allgemeine Wehrpflicht mehr gibt, bin ich überzeugt davon, dass sie viele junge

Männer und Frauen geprägt und ihnen Ordnung und Respekt beigebracht hatte. Als Ausbilder bei der Bundespolizei kann ich bestätigen, dass das Niveau der Auszubildenden von Jahr zu Jahr sinkt, was sich in mangelnder Ordnung, Respektlosigkeit und endlosen Diskussionen zeigt. Auch während meiner 17 Jahre im Außendienst habe ich beobachtet, wie der Respekt gegenüber der Polizei, Rettungskräften und der Feuerwehr abnimmt. Es ist bedauerlich, dass diese Helfer zunehmend zur Zielscheibe werden, und es bedarf dringend Maßnahmen seitens der Politik, um dem entgegenzuwirken.

Meine Botschaft an die jungen Menschen von heute ist daher, dass sie sich genau überlegen sollen, ob sie einen dieser Berufe ergreifen wollen. Es erfordert viel Idealismus und Mut. Nun möchte ich jedoch abschließen und hoffe, dass euch meine Geschichte gefallen hat.

Bad Sooden-Allendorf, Dezember 2019

Karsten Trube

Ihre Zufriedenheit ist unser Ziel!

Liebe Leser, liebe Leserinnen,

hat Ihnen unser Buch gefallen? Haben Sie Anmerkungen für uns? Kritik? Bitte zögern Sie nicht, uns zu schreiben. Wir werden jede Nachricht persönlich lesen und beantworten.

Schreiben Sie uns: info@ek2-publishing.com

Wussten Sie schon, dass Sie uns dabei unterstützen können, deutsche Militärliteratur sichtbarer zu machen? Bitte nehmen Sie sich einen Moment Zeit und bewerten Sie dieses Buch auf Amazon. Viele positive Rezensionen führen dazu, dass das Buch mehr Menschen angezeigt wird.

Sie können somit mit wenigen Minuten Zeitaufwand unserem kleinen Familienunternehmen einen großen Gefallen tun. Vielen Dank für Ihre Unterstützung!

PS: In seltenen Fällen kommt ein Buch beschädigt beim Kunden an. Bitte zögern Sie in diesem Fall nicht, uns zu kontaktieren. Selbstverständlich ersetzen wir Ihnen das Buch kostenlos.

Verpassen Sie keine Neuerscheinung von EK-2 Militär!

Tragen Sie sich in den Newsletter von *EK-2 Militär* ein, um über aktuelle Angebote und Neuerscheinungen informiert zu werden und an exklusiven Leser-Aktionen teilzunehmen.

Link zum Newsletter:
https://ek2-publishing.aweb.page

Über unsere Homepage:
www.ek2-publishing.com
Klick auf *Newsletter*

***Via Google**: EK-2 Verlag*

Als besonderes Dankeschön erhalten Sie **kostenlos** das E-Book »Die Weltenkrieg Saga« von Tom Zola.

Deutsche Panzertechnik trifft außerirdischen Zorn in diesem fesselnden Action-Spektakel!

Schon gewusst? Wir haben noch weitere Bücher über Leos und die Bundeswehr im Sortiment!

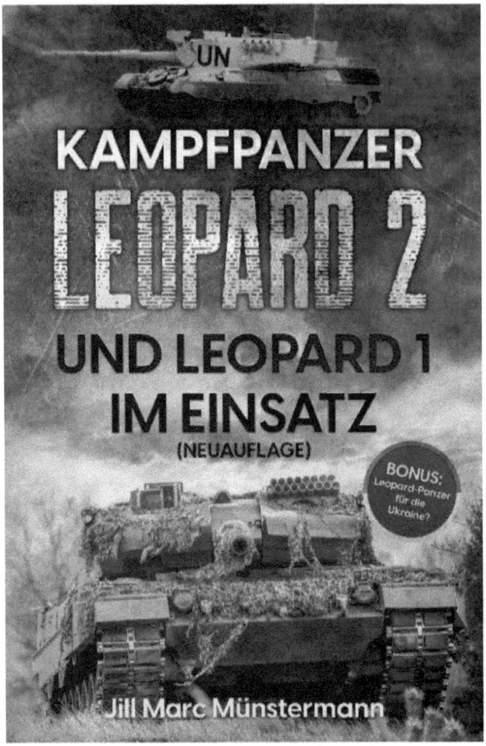

Das Nr. 1-Fachbuch über die zahlreichen Kampfeinsätze der deutschen Panzer Leopard 1 und Leopard 2!

Kosovo, Afghanistan, Türkei/Syrien und viele mehr …

Die Zutaten für einen stahlharten Militär-Thriller der besonderen Art?

Der Kalte Krieg im Endstadium, das größte Militärmanöver in der Geschichte der Bundeswehr, ein düpierter General, US-Special Forces, die als Partisanentruppe den übenden Soldaten das Leben schwermachen … und natürlich Hauptmann Schneider, seines Zeichens Fallschirmjäger, Jagdkommandoführer und … nun ja, kein Freund von Vorschriften.

Schneider löst Probleme auf seine Art – und so kommt es knüppeldick, als der Ruf des Generals durch die Truppe hallt: »Holt mir den Schneider ran!«

Lassen Sie sich diesen Action-Thriller direkt aus dem Kalten Krieg nicht entgehen!

Eine Veröffentlichung von EK-2 Publishing GmbH

Friedensstraße 12
47228 Duisburg
Registergericht: Duisburg
Handelsregisternummer: HRB 30321
Geschäftsführerin: Monika Münstermann

E-Mail: info@ek2-publishing.com
Website: www.ek2-publishing.com

Cover: Jörg Piesker
Autor: Karsten Trube
Lektorat: Angelina Blosfeld
Buchsatz & Korrektorat: Jill Marc Münstermann

3. Auflage, Mai 2024

Druckhinweis:
Libri Plureos GmbH
Friedensallee 273
22763 Hamburg

MIX
Papier aus verantwortungsvollen Quellen
Paper from responsible sources
FSC® C105338